基于幂律过程的可修系统可靠性评估方法研究

王燕萍　著

西北工業大學出版社

西　安

【内容简介】 本书详细介绍了基于幂律过程的可修系统的可靠性统计分析方法。主要内容包括两部分:①针对小子样场合下的可修系统,在多种合理的无信息先验、Gamma信息先验和自然共轭先验分布下,基于幂律过程探讨了可修系统的贝叶斯分析及其预测分析方法;②基于幂律过程探讨了多台可修系统可靠性评估的统计学分析方法。

本书可供从事系统可靠性分析与设计的科研人员和工程技术人员,以及大专院校的教师、研究生和高年级的本科生使用。

图书在版编目(CIP)数据

基于幂律过程的可修系统可靠性评估方法研究/王燕萍著.—西安:西北工业大学出版社,2020.2

ISBN 978-7-5612-6924-4

Ⅰ.①基… Ⅱ.①王… Ⅲ.①系统可靠性-评估方法-研究 Ⅳ.①N945.17

中国版本图书馆CIP数据核字(2020)第022036号

JIYU MILÜ GUOCHENG DE KEXIU XITONG KEKAOXING PINGGU FANGFA YANJIU

基于幂律过程的可修系统可靠性评估方法研究

责任编辑: 李阿盟 许程明	**策划编辑:** 何格夫
责任校对: 孙 倩 刘 敏	**装帧设计:** 李 飞
出版发行: 西北工业大学出版社	
通信地址: 西安市友谊西路127号	**邮编:** 710072
电 话: (029)88491757,88493844	
网 址: www.nwpup.com	
印 刷 者: 兴平市博闻印务有限公司	
开 本: 787 mm×1 092 mm	1/16
印 张: 6.875	
字 数: 180千字	
版 次: 2020年2月第1版	2020年2月第1次印刷
定 价: 50.00元	

如有印装问题请与出版社联系调换

前　　言

当今时代，科技水平飞速发展，诸多高科技产品应运而生，人们极力追求高质量的产品，要求新产品有更高、更复杂的功能，进而提高产品自身的竞争力，因而产品的可靠性评估至关重要。对于大多数产品，客户将产品可靠性视为最重要的产品质量特征之一。在现实生活和实际工程应用中，多数产品都是在发生故障后进行一定维护与修理可以继续使用的，这些产品都是可修系统。由此可见，研究可修系统的可靠性对于提高产品的性能、可靠性，降低运行成本，提高经济效益等，具有重要的理论和现实意义。本书将针对可修系统的可靠性评估问题进行一些探讨研究。笔者跟踪国内外有关可修系统可靠性评估方法研究的最新动态，在总结个人科研工作和在国内外专业杂志上已公开发表研究成果的基础上，精心撰写了本书。

可修系统的可靠性评估通常都是基于一个概率模型展开的，本书将基于随机过程中最常用的幂律过程的概率模型对可修系统的可靠性评估展开研究。研究内容分为两个部分：①针对可修系统在工程实际应用和可靠性试验中所遇到的小子样问题，利用小子样理论研究方法中的贝叶斯方法，将可修系统的现场故障之前与之后的各种有用信息融合起来，以实现小子样条件下可修系统的贝叶斯可靠性分析与评估；②针对多台可修系统的可靠性统计分析方法中的区间估计问题进行一些研究。本书内容对于完善当前可修系统可靠性评估理论与方法具有重要的意义，所讨论方法能够对实际工程中可修系统的可靠性评估和预测起到指导作用。

与国内外出版的同类书籍相比，本书有以下两个方面的特点：

(1)通常在可修系统基于幂律过程的贝叶斯可靠性分析及其预测分析中存在一个共同问题，就是模型参数的后验分布多是一些形式复杂且无解析解的积分，致使与模型参数有关的可修系统可靠性评估量的贝叶斯分析难度大大增加。本书分别在多种典型先验分布下，基于幂律过程研究了简单有效且易于实施的可修系统的贝叶斯可靠性分析方法及其预测分析方法。这些方法具有一定的优越性，为小子样条件下可修系统可靠性评估提供了新途径。尤其针对幂律过程模型参数的两种典型信息先验分布，还定性和定量地研究了先验中的先验矩或超参数对可靠性评估量后验分析结果所产生的影响，以此来指导先验中的先验矩或超参数的选择。

(2)目前关于多台可修系统基于幂律过程模型的与模型参数有关可靠性评估量的区间估计问题的研究很少,已有书籍、标准中用来计算可靠性评估量的经过验证的系数表仅适用于单台可修系统,以及多台同型可修系统同步截尾的情况。本书针对多台同型可修系统相互独立地运行不同时间且各台系统的失效过程都服从相同幂律过程模型的一般情况,研究了可修系统可靠性评估量在任意置信水平下的高精度置信区间的构建方法。

本书的读者对象主要是大专院校的教师、研究生、高年级的本科生,以及科研机构的工程技术人员。阅读本书需要有概率论与数理统计的基本理论知识。

本书的研究得到了国家自然科学基金、航空基金、新世纪优秀人才支持计划、西北工业大学基础研究基金的资助,笔者对此表示衷心的感谢。另外,笔者要特别感谢吕震宙教授及其课题组的研究生。写作本书曾参阅了相关文献、资料,在此谨向其作者们深致谢忱。

由于水平有限,书中疏漏或不当之处在所难免,恳请读者批评指正。

著　者

2019年11月

目　　录

第1章 绪　论

1.1 研究背景

不可修系统(Nonrepairable System)是这样一种系统，当其发生故障或失效时，就不能再继续正常工作。比如灯泡，我们就将其视为不可修系统。如果家里的灯泡坏了，我们去超市买一个新灯泡替换已坏的灯泡即可。

可修系统(Repairable System)是指在其发生故障时，除更换整个系统外，可以用任何方法恢复到运行状态的系统[1]。可修系统可以是由一些可修/不可修的部件组合而成的系统。可修系统在现实生活和实际工程应用中非常普遍，如飞机、汽车、火车、计算机和网络路由器等。例如，摩托车由于空气过滤器的堵塞而不能正常驾驶，此时只需要更换一个新的空气过滤器即可恢复正常行驶。

可修系统与不可修系统的一个明显区别就是，一个不可修系统的寿命(失效/故障时间)通常被视为随机变量，而一个可修系统的故障时间通常不再是独立、同分布的。因此，基于可修系统的可靠性分析与基于不可修系统的可靠性分析完全不同，且可修系统的可靠性分析要更复杂一些。

可修系统又分为可靠性增长的系统、可靠性退化的系统以及可靠性既不增长也不下降的系统[1]。如果一个可修系统的失效/故障的间隔时间随着系统运行时间的增加而呈现增加的趋势，则该系统的可靠性是增长的(Reliability Improvement)；反之，如果一个可修系统的失效/故障的间隔时间随着系统运行时间的增加而呈现减小的趋势，则该系统的可靠性是退化的(Reliability Deterioration)；还有一种情况是一个可修系统的失效/故障的间隔时间随着系统运行时间的增加呈现既不增加也不减小的趋势，则该系统的可靠性是稳定的。

随着时代的进步、科学技术水平的日益提高，许多高科技产品应运而生，人们也极力追求产品在性能、可靠度上有不断的提高，要求新产品有更高、更复杂的功能，从而提高产品自身的竞争力，这也促使产品的更新换代不断加速。研究可修系统的可靠性对于提高产品的性能与可靠性、降低运行成本、提高经济效益具有重要的理论和现实意义。

此外，在许多工程领域中，产品的复杂性高，使用环境严酷，以及研制经费、周期及试验技术等条件的制约，使得每次投入可靠性试验的产品数量较少、试验次数较少、试验时间较短，这些情况下不可能开展大样本的可靠性试验；在航空、航天、航海等工程领域中，如飞机、卫星、航空母舰等由于结构复杂、造价成本昂贵等因素制约，使得能够投入实际运行的系统数量较少，而且这些系统的运行周期较长，能够获得的系统故障数据较少。小子样条件下可修系统的可靠性研究将对传统的可修系统的可靠性分析提出挑战。由于传统的可靠性评估方法是建立在经典统计学基础上的，只有在对大量数据进行统计分析时得到的可靠性评估结果才是可信的，若将其直接应用于小子样条件下的数据分析，可能会导致错误的分析结论。因此，开展小子样条件下可修系统的可靠性评估方法研究在理论分析与实践应用方面都是非常必要的。

在可修系统可靠性分析中，随机过程对模拟可修系统的失效过程起着关键作用。一般，可修系统的失效/故障时间用随机点过程的概率模型来描述，如泊松过程、更新过程等，其中泊松过程中的非齐次泊松过程(Nonhomogeneous Poisson Process，NHPP)和齐次泊松过程较为常用。尤其在可修系统、可靠性增长和软件可靠性的文献中，最常用的模型是幂律过程(Power Law Process，PLP)。PLP 模型发展较为成熟，该模型的理论分析和应用已经非常广泛，因此，本书将基于 PLP 模型对可修系统的可靠性进行分析与讨论，为可修系统可靠性分析理论的完善提供参考。

1.2 基于幂律过程的可修系统可靠性分析的研究进展

针对可修系统采取及时纠正措施的可靠性增长过程，1972 年，美国陆军装备系统分析中心的 Crow 在 Duane 模型[2]的基础上提出了 Crow 模型[3]。许多参考文献把 Crow 模型也称为 Duane 模型、AMSAA(Army Materiel Systems Analysis Activity)模型、威布尔过程(Weibull Process)和幂律过程(PLP)，等等。PLP 模型常被用来评估可靠性增长、软件的可靠性，以及可修系统的可靠性等。自 1974 年 Crow 利用 PLP 模型对可修系统的可靠性进行了开创性分析后，许多统计和工程文献都对 PLP 模型进行了深入的研究，这主要是由于 PLP 模型在数学上易于处理和在工程应用中有很好的适用性。此外，PLP 模型的统计分析程序已经发展得很好，而且已有相关的数据表可供使用。一些军用手册、标准，如 MIL - HDBK - 189[4]、MIL - HDBK - 338[5]、MIL - HDBK - 781[6]、IEC61164[7]、GJB1407[8]、GJB/Z77[9]等，均提供 PLP 模型的统计分析方法(包括点估计、区间估计和假设检验等)。

基于 PLP 模型可以对可修系统的故障时间数据进行可靠性评估，但在此之前还需对 PLP 模型开展一些趋势检验(Trend Test)和拟合优度检验(Goodness of Fit Test)[10-12]等，只有通过检验的可修系统故障时间数据方可利用 PLP 模型开展可靠性评估。目前，基于 PLP 模型的可修系统可靠性评估方法主要有传统统计学方法和贝叶斯(Bayes)方法。

1.2.1 传统统计学方法

针对单台可修系统观测到所有失效数据的情况，也即完全数据情形，诸多文献已对其进行了深入而细致的研究。从提出 PLP 模型起，许多学者就对其参数的点估计问题产生了浓厚的兴趣，因为参数的点估计直接影响到与其相关的一些可靠性评估，于是人们利用统计学的多种方法给出了 PLP 模型参数的多种点估计方法[1-3,10-11,13-34]，包括最小二乘估计[2,10-11,13-15]、图估计[16-17]、极大似然估计(Maximum Likelihood Estimate，MLE)[10-11,19-20,33]、无偏估计[10-11,19-20]、微分回归估计[21]、正态概率积分变换法[14,22-23]、最佳线性无偏估计[13,24]、最佳线性不变估计[25-26]和矩估计[27]等。由统计学可知点估计并不具有稳健性，为了能更好地了解 PLP 模型参数点估计的精度，许多学者还对参数的一些区间估计方法进行了研究[3,28-34]。

在将 PLP 模型应用于可修系统的可靠性分析时，实际我们更感兴趣的是一些重要的 PLP 模型参数的函数，因为这些模型参数的函数的估计值在评估可修系统的可靠性或在做出可靠性管理决策方面发挥着十分重要的作用。在 PLP 模型中，强度函数不仅是模型的一个基本构成元素，同时也是反映产品实时失效情况的一个度量，因此人们格外关注对强度函数的研究[3,31-42]，尤其是对可修系统停止观察时刻处或可修系统可靠性试验截尾时刻处强度函数值[3,31-40]的研究，主要研究内容包括此时强度的 MLE[3,30,33-34]、修正的 MLE[35]、各种有效的估计[36-40]以及相应的区间分析等。此外，与 PLP 模型参数有关的其他一些函数的研究有系统可靠度[2-3,29,31-34,41,43-44]、平均故障间隔时间(Mean Time Between Failures，MTBF)[2,31,39,42-43,45]等。

PLP 模型是描述可修系统的失效过程的一种概率模型，基于 PLP 模型不仅可以对可修系统进行可靠性评估，还可以预测可修系统未来的可靠性。因此，利用 PLP 模型就可以对可修系统在可靠性增长试验截尾之后的可靠性情况进行预测，如预测可修系统在未来某一时刻处所具有的失效强度[46-47]和 MTBF[46,48]，预测可修系统在未来某段时间内可能发生失效的次数[35,44]，以及预测可修系统在未来可能发生失效的时间[35,47-49]等。

完全数据情况下的可修系统可靠性试验要求相对较高，但在实际中由于人为原因、试验条件、工作条件、数据的记录与保存等因素的制约，不可能观测到试验中的全部失效数据，观测到的可能是一些包含失效的区间数据(即分组数据[50-52]情况)，甚至可能是缺失了一部分的试验数据(即丢失数据[52-54]情况)。针对这些数据情况，也可以基于 PLP 模型对可修系统进行相关可靠性分析[50-54]。

在可修系统的可靠性分析问题中，除了研究单台可修系统的可靠性分析以外，很多情况下还会同时研究多台可修系统的可靠性评估问题。例如，为了降低试验费用和缩短试验周期，采取增加受试系统数量的可靠性试验方法，这样可以产生更多的故障数据或者使得分析更具有代表性。由于多台可修系统的可靠性试验较复杂，需考虑受试的多台可修系统是否同时开始试验、是否同时采取纠正措施、是否同时停止试验等因素，因此多台可修系统可靠性试验的统计分析也更复杂。针对多台可修系统采用基于 PLP 模型的统计分析方法有多台同型系统异步可靠性增长的统计分析方法[3,10-11,55-57]和多台同型系统同步可靠性增长的统计分析方法[10-11,58-68]。对于多台系统同步可靠性增长问题，周源泉、翁朝曦在 PLP 模型基础上提出了 AMSAA-BISE 模型[10,58,65-68]，但是对该模型的研究仍存在较大争议[10-11,59-61,63]。此外，当 PLP 模型应用于多台可修系统的可靠性分析时，关于可修系统相似性的不同假设导致了不同的分析模型[1,69-71]，例如适用于多台同型可修系统的 PLP 模型[1,3]、适用于多个 PLP 具有不同 PLP 模型参数的经验贝叶斯模型[70]，以及适用于多个 PLP 具有两种强度函数的混合模型[71]，等等，针对这些不同模型的统计分析方法是不同的，其复杂和困难程度也不同。总之，针对多台可修系统的可靠性评估问题的研究通常比较复杂，而且相关研究内容也比较分散。

从相关文献可以看出，在研究内容、研究方法上，基于传统统计学对 PLP 模型评估方法开展的研究已经非常广泛、深入和细致，但唯一不足就是需要考虑可靠性试验究竟是采取何种方式停止试验，即是采用时间截尾方式还是失效截尾方式。对于不同试验截尾方式所采用的统计分析方法不同，因而在两种截尾方式下无法建立统一的分析方法。另外，针对多台可修系统的可靠性统计分析理论与方法仍需进一步完善。

1.2.2 贝叶斯方法

基于传统统计学方法的 PLP 模型评估方法已不能满足小子样场合下可修系统可靠性评估的需求，于是基于小子样统计分析的可修系统可靠性评估方法受到重视。其中，贝叶斯方法是应用最多的一种方法，它可以充分利用各种有用的信息，不仅可以是可修系统的现场故障数据(可能是较少的故障数据)，还可以是获得现场故障数据之前的信息，如专家经验信息、系统研制过程中的有用信息、仿真试验的信息、同类系统的试验信息等。贝叶斯方法作为一种数据融合方法，能够将可修系统的现场故障之前与之后的各种有用信息融合起来，以实现小子样条件下可修系统的可靠性分析与评估。因此，贝叶斯方法为研究小子样条件下可修系统的可靠性评估问题提供了一个新途径，事实证明这也是解决小子样条件下可修系统可靠性评估问题的一种有效方法。此外，将贝叶斯方法应用于可修系统基于 PLP 模型的可靠性评估的一个最大特点就是可以将时间截尾数据和失效截尾数据进行统一分析，这与上述传统统计学分析方法完全不同。

在 PLP 模型的贝叶斯分析方法中，PLP 模型的参数被视为未被观察到的随机变量，在观测到可修系统的现场故障数据之前，通常用先验分布来表示 PLP 模型参数的不确定性。在观测到可修系统的现场故障数据之后，借助贝叶斯公式可以将 PLP 模型参数的信息更新为后验分布，然后基于所得 PLP 模型参数的后验分布，对可修系统的可靠性进行贝叶斯推断和预测分析。近 30 多年来，基于贝叶斯方法已进行了许多可修系统基于 PLP 模型的贝叶斯可靠性评估方法研究。综合这些评估方法可以发现，PLP 模型参数所用到的先验分布主要有无信息先验[44,47,72-81]，均匀分布[72]、Beta 分布[82]、广义 Beta 分布[83]、Gamma 分布[47,72,83-87]和自然共轭先验[75,88-89]等一些信息先验。在这些先验中，以无信息先验为基础对 PLP 模型开展的研究最多且较深入细致，而在其他先验分布下开展的研究相对分散。然而，无论是在何种先验分布形式下对 PLP 模型进行贝叶斯分析，都与基于传统统计学方法的 PLP 模型评估方法有相同的研究内容：① 在完全数据情形下，对 PLP 模型的参数[72-73,75,77-81,87,89-90]、强度函数[44,47,72-75,77-83,89]、MTBF[86-87]、系统可靠度[44,82]等进行的研究；②在完全数据情形下，对产品在未来某一时刻处的失效强度[47,82-83,88,91]、产品在未来某段时间内可能发生失效的次数[44,74-75,84,90]和发生失效的时间[44,47,74-76,78,83-84,90,92]等进行的预测；③在分组数据[47,87,90]和丢失数据[86]情形下相关的统计分析；④多台可修系统可靠性增长试验评估方法[1,47,93-95]。

目前，将贝叶斯方法应用于基于 PLP 模型的可修系统可靠性评估方法已经比较多。运用贝叶斯方法首先面临的问题就是确定先验分布，PLP 模型参数所采用的先验分布不同，相应得到的 PLP 模型参数的后验分布也会不相同，这会直接影响模型参数后验分布的复杂程度，还会影响可修系统基于 PLP 模型的后验可靠性评估方法的选择。尤其是当所选 PLP 模型参数的先验分布中具有超参数时，超参数的选择也至关重要，甚至当超参数发生变化时对 PLP 模型的后验可靠性评估造成的影响也不明确。

另外，在可修系统基于 PLP 模型的贝叶斯可靠性分析中，给定 PLP 模型参数的先验分布后，应用贝叶斯公式可以更新得到模型参数的后验分布，基于该后验分布便可以针对与 PLP 模型参数有关的可修系统可靠性评估量进行相关研究，例如对可修系统在当前故障时刻处的失效强度、可修系统在某一时间段内的系统可靠度，以及可修系统未来可能发生失效的情况等进行贝叶斯推断与预测。由于 PLP 模型参数的后验分布通常以一些复杂的积分形式出现，且没有解析表达式，毫无疑问，这将增加与 PLP 模型参数相关一些量的贝叶斯后验分析难度。针对此问题，虽然 Markov Chain Monte Carlo(MCMC)技术是一种有效的解决手段[47,77-78,83]，但是在应用 MCMC 技术时仍会遇到一些抽样困难的问题，具体分析见本书后续章节内容。

总的来说，针对可修系统基于 PLP 模型的贝叶斯可靠性分析理论与方法仍需进一步的研究与完善。

1.3　本书主要内容

本书将重点研究几种典型先验分布下可修系统基于 PLP 模型的贝叶斯可靠性分析方法，以及多台同型可修系统的可靠性统计分析方法。

本书章节安排如下：第 2 章简述基于 PLP 模型的可修系统可靠性评估方法；第 3 章在多种合理的无信息先验下，研究可修系统基于 PLP 模型的贝叶斯可靠性分析及其预测分析方法；第 4 章在 Gamma 信息先验下，研究可修系统基于 PLP 模型的贝叶斯可靠性分析及其预测分析方法；第 5 章在自然共轭先验下，研究可修系统基于 PLP 模型的贝叶斯可靠性分析及其预测分析方法；第 6 章定性地研究在无信息先验与几种信息先验下可修系统基于 PLP 模型的贝叶斯分析及其预测分析方法存在的差异；第 7 章研究多台可修系统基于 PLP 模型的可靠性评估的统计分析方法。

本书将着重呈现笔者在基于 PLP 模型的可修系统可靠性评估方法研究方面的一些工作结果，进而为可修系统可靠性分析理论的完善提供参考。

第 2 章　基于 PLP 的可修系统可靠性评估概述

由于可修系统的可靠性是不断变化的，其故障时间通常不再是独立、同分布的，所以不能采用总体不变的传统统计方法对可修系统的可靠性进行分析，但借助于随机过程可以建立起反映可修系统可靠性随时间变化的概率模型。PLP 模型就是一种很常用的概率模型，其发展较为成熟，理论分析比较深入，应用非常广泛。因此，本章主要对 PLP 模型及其相关的可修系统可靠性评估进行一些简单介绍。

2.1　PLP 模型概述

具有强度函数为

$$\lambda(t)=\frac{\beta}{\theta}\left(\frac{t}{\theta}\right)^{\beta-1},\theta>0,\beta>0 \tag{2.1}$$

和均值函数为 $\Lambda(t)=\int_0^t \lambda(u)\mathrm{d}u=\left(\frac{t}{\theta}\right)^{\beta}$ 的 NHPP 称之为幂律过程(PLP)[18]。

PLP 模型还有另一种描述形式，就是若可修系统发生失效的时间为 $T_1,T_2,\cdots$，则首次失效时间 T_1 的分布为

$$T_1 \sim \text{Weibull}(\theta,\beta) \tag{2.2}$$

而第 i 次失效时间 T_i 的分布是当 $T_1=t_1,\cdots,T_{i-1}=t_{i-1}$ 时具有左截断点 t_{i-1} 的截断 Weibull 分布[44]。

针对单台可修系统，它在开发期$(0,t]$内的失效次数 $N(t)$ 服从 PLP 模型，则系统在时间段$(0,t]$内的发生 $N(t)=n(n=0,1,\cdots)$ 次失效的概率[10-11] 为

$$P\left\{N(t)=n\middle|\theta,\beta\right\}=\frac{[\Lambda(t)]^n}{n!}\mathrm{e}^{-\Lambda(t)},n=0,1,2,\cdots \tag{2.3}$$

PLP 模型在可靠性增长试验中应用广泛。若可修系统开发到时刻 y 定型，之后对系统不再作改进或修正，则可以合理地认为，系统定型后，其失效时间服从指数分布，即

$$\lambda(t)=\frac{\beta}{\theta}\left(\frac{y}{\theta}\right)^{\beta-1},t\geqslant y \tag{2.4}$$

称系统定型时的 MTBF 为系统能达到的 MTBF，其为

$$M(t)=\frac{1}{\lambda(t)}=\frac{\theta}{\beta}\left(\frac{\theta}{y}\right)^{\beta-1},t\geqslant y \tag{2.5}$$

在可修系统的可靠性增长试验中，有失效截尾和时间截尾两种试验截尾方式。假设在时间 $(0,t]$ 内观测到可修系统相继发生失效的时间依次为

$$0 < t_1 < t_2 < \cdots < t_n \leqslant t, n \geqslant 1 \tag{2.6}$$

当 $t_n = t$ 时为失效截尾(Failure Truncation)，而当 $t_n < t$ 时为时间截尾(Time Truncation)。

PLP 模型中的参数 θ 为尺度参数，β 为形状参数。其中参数 β 的意义非常明确：当 $0 < \beta < 1$ 时，失效时间间隔 $t_i - t_{i-1}$ $(i = 1, \cdots, n)$ 随机地增加，$\lambda(t)$ 严格单调下降，系统处于可靠性增长之中；当 $\beta > 1$ 时，失效时间间隔 $t_i - t_{i-1}$ $(i = 1, \cdots, n)$ 随机地减小，$\lambda(t)$ 严格地单调上升，系统处于可靠性下降之中；而当 $\beta = 1$ 时，$\lambda(t)$ 为恒定值，此时 NHPP 退化为齐次泊松过程(Homogeneous Poisson Process, HPP)，$t_i - t_{i-1}$ $(i = 1, \cdots, n)$ 服从指数分布，系统可靠性既不增长也不下降[1,10-11]。

2.2　完全数据情形下 PLP 模型参数的 MLE

基于式(2.6)中所给单台可修系统的失效时间数据，它的似然函数[40,44,47]为

$$l(\boldsymbol{t} \mid \theta, \beta) = \left(\frac{\beta}{\theta}\right)^n \prod_{i=1}^{n} \left(\frac{t_i}{\theta}\right)^{\beta-1} \exp\left\{-\left(\frac{y}{\theta}\right)^{\beta}\right\}, \boldsymbol{t} = [t_1, \cdots, t_n] \tag{2.7}$$

其中，y 为可靠性试验的截尾时间，即

$$y = \begin{cases} t_n, t_n = t \\ t, t_n < t \end{cases} \tag{2.8}$$

由式(2.7)可以得到 PLP 模型参数 θ 和 β 的 MLE[40,44,47]分别为

$$\hat{\theta} = y / n^{\frac{1}{\hat{\beta}}} \tag{2.9}$$

$$\hat{\beta} = \frac{n}{\sum_{i=1}^{n} \ln\left(\frac{y}{t_i}\right)} \tag{2.10}$$

于是，可修系统在时刻 t 的失效率 $\lambda(t)$ 的 MLE 为

$$\hat{\lambda}(y) = \frac{\hat{\beta}}{\hat{\theta}} \left(\frac{y}{\hat{\theta}}\right)^{\hat{\beta}-1} \tag{2.11}$$

可修系统在时刻 t 所能达到 MTBF 的 MLE 为

$$\hat{M}(y) = \frac{1}{\hat{\lambda}(y)} \tag{2.12}$$

2.3　与 PLP 模型参数有关的一些可靠性评估量

在工程应用中，经常对一些 PLP 模型参数 (θ, β) 的函数的估计值感兴趣，如可修系统的失效强度、MTBF 和系统可靠度在某个时刻处的估计值，可修系统在给定时间内的期望失效次

数等，这是因为这些模型参数的函数的估计值在评估可修系统的可靠性或在作出可靠性管理决策方面发挥着十分重要的作用。本节将针对这些参数的函数进行介绍。

2.3.1 强度函数

一直以来，有关强度函数的研究都是可修系统可靠性分析中的关键，目前相关的研究主要集中在对当前强度的评估和对未来强度的预测两个方面。

在截尾时间(也即所观察可修系统的失效过程被观察至停止的时间)处强度函数的估计值代表了可修系统在该时刻处的失效率，这个估计值通常被称为可修系统的当前强度(Current Intensity)[40,44,47]，即

$$\lambda_y = \lambda(y) = \frac{\beta}{\theta}\left(\frac{y}{\theta}\right)^{\beta-1} \tag{2.13}$$

在可修系统的可靠性增长试验中，需要对系统所实施改进措施的有效性进行评估，例如决定是否需要继续改进系统的性能，要对此问题做出回答，一个有用的客观评价值就是考察在可靠性增长试验截尾时间 y 处强度函数所达到的估计值。而对于可靠性退化的系统，当前强度的估计值可以用来决定什么时候停止使用系统，或者什么时候检修系统。

若在可靠性增长试验中，截尾时间 y 之后不再对系统进行设计改进或纠正，则可以认为系统具有恒定的失效率 λ_y，而在此后的未来时间段$(y, y+t_0]$内系统所具有的可靠度[44,82]为

$$R(t_0) = \exp(-\lambda_y t_0) \tag{2.14}$$

它是 λ_y 的函数，文献[44,82]中称之为系统在时间段$(y, y+t_0]$内的系统可靠度。

如果可修系统在截尾时间处的失效率没有达到预定目标值，我们将会对系统在截尾时间之后某一时刻处强度函数值的预测非常感兴趣，因为对可修系统未来强度的预测将有助于我们了解系统可靠性的未来趋势。假设系统在可靠性增长试验截尾时间 y 之后的失效仍然服从PLP模型，则在未来某一时刻 $\tau(\tau > y)$ 处的强度函数值为

$$\lambda_\tau = \lambda(\tau) = \frac{\beta}{\theta}\left(\frac{\tau}{\theta}\right)^{\beta-1} \tag{2.15}$$

称其为未来强度(Future Intensity)[47]。

值得注意的是，如果令 $\tau = y$，此时的 λ_τ 就是 λ_y，也即当前强度是未来强度在 $\tau = y$ 时的特殊情形。

2.3.2 MTBF

在可修系统的可靠性增长过程中，由式(2.5)可知MTBF与强度函数之间互为倒数关系，MTBF是可靠性增长过程中一个重要的可靠性度量，它代表了可修系统在给定时刻处所具有的可靠性。于是，可修系统在时刻 y 处的MTBF为

$$M(y) = \frac{1}{\lambda_y} \tag{2.16}$$

可修系统在时刻 τ 处的 MTBF 为

$$M(\tau)=\frac{1}{\lambda_\tau} \tag{2.17}$$

2.3.3　系统可靠度

系统可靠度(System Reliability 或 Mission Reliability[3,43])是指系统在某一时间段内不发生失效的概率[2-3,29,31-34,41,43-44]。对可修系统而言,我们感兴趣的是预测其在未来某一时间段内的系统可靠度,因为这将会影响该可修系统的更换与维护策略,以及备件采购的决策。此外,我们还可以利用系统可靠度来预测与该可修系统同型的另一个新系统从投入运行开始后的某个时间段内的系统可靠度。

若令 $N(s_1,s_2)$ 表示可修系统在时间段 $(s_1,s_2]$ 内的失效次数,则系统在时间段 $(s_1,s_2]$ 内发生 $N(s_1,s_2)=r(r=0,1,2,\cdots)$ 次失效的概率[44] 为

$$P\{N(s_1,s_2)=r\}=\frac{1}{r!}\left[\left(\frac{s_2}{\theta}\right)^\beta-\left(\frac{s_1}{\theta}\right)^\beta\right]^r\exp\left\{-\left[\left(\frac{s_2}{\theta}\right)^\beta-\left(\frac{s_1}{\theta}\right)^\beta\right]\right\} \tag{2.18}$$

由式(2.18)可知可修系统在时间段 $(s_1,s_2]$ 内的系统可靠度 $R(s_1,s_2)$ 为

$$R(s_1,s_2)=P\{N(s_1,s_2)=0\}=\exp\left\{-\left[\left(\frac{s_2}{\theta}\right)^\beta-\left(\frac{s_1}{\theta}\right)^\beta\right]\right\} \tag{2.19}$$

2.3.4　期望失效次数

我们有时候还会关心可修系统在时间段 $(s_1,s_2]$ 内的失效情况,此时可以预测可修系统在该时间段内可能发生失效的期望失效次数。

于是,可修系统在时间段 $(s_1,s_2]$ 内的期望失效次数[44] $m(s_1,s_2)$ 为

$$m(s_1,s_2)=\left(\frac{s_2}{\theta}\right)^\beta-\left(\frac{s_1}{\theta}\right)^\beta \tag{2.20}$$

对比式(2.19)和式(2.20)可以发现 $R(s_1,s_2)=\exp\{-m(s_1,s_2)\}$。

2.4　可修系统的预测分析

对于可修系统在时间段 $(s_1,s_2]$ 内可能发生失效情况的预测问题,这里将分为以下两种情况进行讨论:

(1) 对于当前所试验的可修系统,假定它在未来的失效仍服从 PLP 模型,则在已有试验数据的基础上预测其在截尾时间 y 之后的时间段 $(y,s_2]$ 内可能发生失效的情况,即单样预测。

(2) 基于当前所试验的可修系统,对另一与之同型的可修系统预测其在时间段 $(0,s]$ 内发生失效的情况,即双样预测。

对于可修系统的单、双样预测分析，除了可以对上面所提到的系统可靠度和期望失效次数进行相应分析以外，还可以对可修系统在时间段$(s_1,s_2]$内可能发生失效的次数以及发生失效的时间进行预测分析。

2.4.1 失效次数的预测

结合式(2.18)可以得到$N(s_1,s_2)$对应于上述两种情况下的预测分布。

1. 单样预测

在时间段$(y,s_2]$内，所试验可修系统发生$N(y,s_2)=r(r=0,1,2,\cdots)$次失效的概率为

$$P\{N(y,s_2)=r\}=\frac{1}{r!}\left[\left(\frac{s_2}{\theta}\right)^{\beta}-\left(\frac{y}{\theta}\right)^{\beta}\right]^{r}\exp\left\{-\left[\left(\frac{s_2}{\theta}\right)^{\beta}-\left(\frac{y}{\theta}\right)^{\beta}\right]\right\} \tag{2.21}$$

2. 双样预测

在时间段$(0,s]$内，与所试验可修系统同型的系统发生$N(0,s)=r(r=0,1,2,\cdots)$次失效的概率为

$$P\{N(0,s)=r\}=\frac{1}{r!}\left[\left(\frac{s}{\theta}\right)^{\beta}\right]^{r}\exp\left\{-\left[\left(\frac{s}{\theta}\right)^{\beta}\right]\right\} \tag{2.22}$$

2.4.2 失效时间的预测

1. 单样预测

对于均值函数为$\Lambda(t)$的一般NHPP，随机变量序列$\Lambda(t_i)-\Lambda(t_{i-1})(i=1,2,\cdots)$是一组来自总体为单位指数分布的相互独立的随机变量，且此结论与试验的截尾方式无关。假设可修系统在试验截尾时间y后可能发生第$r(r=1,2,\cdots)$次失效的时间为T_{n+r}，则相互独立的随机变量$\left(\frac{T_{n+1}}{\theta}\right)^{\beta}-\left(\frac{y}{\theta}\right)^{\beta},\left(\frac{T_{n+2}}{\theta}\right)^{\beta}-\left(\frac{T_{n+1}}{\theta}\right)^{\beta},\cdots,\left(\frac{T_{n+r}}{\theta}\right)^{\beta}-\left(\frac{T_{n+r-1}}{\theta}\right)^{\beta}$均服从单位指数分布[44]，且它们的和服从Gamma分布，即

$$\left(\frac{T_{n+r}}{\theta}\right)^{\beta}-\left(\frac{y}{\theta}\right)^{\beta}\sim\Gamma(r,1) \tag{2.23}$$

其中，$\Gamma(A,B)$分布表示服从参数为A和B的Gamma分布，其概率密度函数为

$$g_{\Gamma}(x;A,B)=\frac{B^{A}}{\Gamma(A)}x^{A-1}\exp\{-Bx\},x>0 \tag{2.24}$$

累积分布函数为

$$G_{\Gamma}(x;A,B)=\int_{0}^{x}\frac{B^{A}}{\Gamma(A)}u^{A-1}\exp\{-Bu\}\mathrm{d}u,x>0 \tag{2.25}$$

因此，可修系统的失效时间T_{n+r}的预测分布为

$$P\{T_{n+r}\leqslant\tau\}=P\left\{\left(\frac{T_{n+r}}{\theta}\right)^{\beta}-\left(\frac{y}{\theta}\right)^{\beta}\leqslant\left(\frac{\tau}{\theta}\right)^{\beta}-\left(\frac{y}{\theta}\right)^{\beta}\right\}$$

$$=G_{\Gamma}\left(\left(\frac{\tau}{\theta}\right)^{\beta}-\left(\frac{y}{\theta}\right)^{\beta};r,1\right),\tau\geqslant y \tag{2.26}$$

此外，利用式(2.26)还可以获得所试验可修系统在未来发生第 r 次失效的间隔时间 $Z_{n+r}=T_{n+r}-y$ 的预测分布，为

$$P\{Z_{n+r}\leqslant z\}=P\{T_{n+r}\leqslant z+y\},z\geqslant 0 \tag{2.27}$$

2. 双样预测

令 W_r 表示与所试验可修系统同型的另一个系统发生第 $r(r=1,2,\cdots)$ 次失效的时间，由于对 PLP 模型有

$$\left(\frac{W_r}{\theta}\right)^{\beta}\sim\Gamma(r,1) \tag{2.28}$$

因此，W_r 的预测分布为

$$P\{W_r\leqslant w\}=P\left\{\left(\frac{W_r}{\theta}\right)^{\beta}\leqslant\left(\frac{w}{\theta}\right)^{\beta}\right\}=G_{\Gamma}\left(\left(\frac{w}{\theta}\right)^{\beta};r,1\right),w\geqslant 0 \tag{2.29}$$

2.5　本章小结

在获取有关可修系统的失效数据之后，可以通过对其进行相关统计分析找到与之相适应的可靠性分析概率模型。如果经过趋势分析、拟合优度检验等统计分析后，发现可修系统的失效数据与 PLP 模型相符合，便可以利用 PLP 模型对这些数据进行上述相关内容的分析，据此来评估该可修系统的可靠性以及对该可修系统在未来的可靠性做出一些预测性分析。

第3章　无信息先验下基于PLP的可修系统贝叶斯可靠性分析方法

针对工程中可修系统在小子样情况下的可靠性分析问题，许多学者从贝叶斯分析观点出发对PLP模型展开了研究。文献[72]讨论了失效截尾数据在信息先验和无信息先验下PLP模型参数(θ,β)的贝叶斯估计和区间估计。文献[44]在无信息先验下给出了统一处理时间截尾数据和失效截尾数据的PLP模型参数(θ,β)的贝叶斯分析方法，并在此基础上讨论了参数(θ,β)的函数的联合后验分布及单、双样预测问题。尽管文献[44]针对参数(θ,β)及其函数的后验分析和预测分析都给出了具体分析结论，但这些结论都是以一些复杂积分形式出现的，仅对一些特殊情况给出了它们的解析解，但要获得一般情况下的解析解并不容易，还需借助其他数值方法。此外，虽然文献[44]中给出了当前强度函数的后验概率密度函数，但其形式复杂，很难得到当前强度的后验估计。于是文献[40]基于MCMC方法，提供了一种估计PLP模型当前强度的贝叶斯方法，并在无信息先验下针对时间截尾数据和失效截尾数据给出它的统一解。文献[47]也是利用MCMC方法，从贝叶斯分析角度讨论了PLP模型强度函数的预测问题。MCMC方法是一种简单且行之有效的贝叶斯分析方法，它利用仿真方法避免了一些复杂的积分运算，简化了数值计算过程，因而得到了广泛的应用。然而在利用MCMC方法的过程中，常常需要借助其他抽样方法，如文献[40]中需要借助自适应取舍方法(Adaptive Rejection Sampling)与Metroplis方法相结合的方法[96]，文献[47]中需要借助加权Bootstrap方法[97]和Adaptive Rejection Sampling方法[98]，这些抽样方法本身虽不复杂但也不简单。

针对无信息先验下基于PLP模型的可修系统贝叶斯分析中所存在的上述问题，本章将时间截尾数据和失效截尾数据统一分析处理，在多种合理的无信息先验下，首先基于MCMC方法提出一种简单且易于抽样的PLP模型参数的贝叶斯分析方法，并在此基础上可以方便地给出PLP模型参数的函数的后验分析以及单、双样预测的分析方法；然后，鉴于强度函数在可修系统可靠性分析中的重要性，利用Gibbs抽样与Metropolis-Hastings算法混合的方法和重要抽样技术专门对PLP模型强度函数的贝叶斯分析进行研究。

3.1　基于MCMC的PLP模型的贝叶斯分析方法

在多种合理的无信息先验下，本节将基于MCMC方法讨论一种简单、有效的PLP模型的贝叶斯分析及其预测分析方法。

3.1.1 PLP 模型参数的无信息先验

在 PLP 模型的贝叶斯分析中，对于 PLP 模型参数(θ,β)先验的选择有多种分布形式，然而在众多先验分布中被广泛使用的是无信息先验，关于无信息先验的具体推导过程如下。

由式(2.2)可知可修系统首次发生失效时间 T_1 的分布，而其对数服从极值分布，即 $\ln T_1 \sim G(\mu,\sigma)$，其中 $\mu=\ln(\theta)$，$\sigma=\dfrac{1}{\beta}$。由于极值分布属于位置-尺度分布族，则(μ,σ)的无信息先验[99]为

$$\pi(\mu,\sigma)=\frac{1}{\sigma}\text{，当 }\mu\text{ 和 }\sigma\text{ 独立时} \tag{3.1}$$

$$\pi(\mu,\sigma)=\frac{1}{\sigma^2}\text{，当 }\mu\text{ 和 }\sigma\text{ 不独立时} \tag{3.2}$$

从(μ,σ)变换到(θ,β)的雅可比行列式 J 为

$$J=\begin{vmatrix}\dfrac{\partial\mu}{\partial\theta} & \dfrac{\partial\mu}{\partial\beta}\\ \dfrac{\partial\sigma}{\partial\theta} & \dfrac{\partial\sigma}{\partial\beta}\end{vmatrix}=\begin{vmatrix}\dfrac{1}{\theta} & 0\\ 0 & -\dfrac{1}{\beta^2}\end{vmatrix}=-\frac{1}{\theta\beta^2} \tag{3.3}$$

利用雅可比行列式 J 可以得到 PLP 模型参数(θ,β)的无信息先验为 $\pi(\theta,\beta)=\pi(\mu,\sigma)\cdot|J|$，即[40,44,47]

$$\pi(\theta,\beta)=(\theta\beta^{\gamma})^{-1},\theta>0,\beta>0 \tag{3.4}$$

其中，$\gamma=0$ 和 $\gamma=1$ 分别对应于 PLP 模型参数 θ 与 β 不独立和独立的情况。文献[40,44,47]中指出 γ 的取值可以不局限于 0 和 1，只要满足 $\gamma<n$[n 见式(2.6)]即可。

3.1.2 PLP 模型参数的贝叶斯分析

将式(2.7)和式(3.4)应用于贝叶斯公式可以得到 PLP 模型参数(θ,β)的联合后验概率密度函数[40,44]为

$$\pi\left(\theta,\beta\middle|t\right)=\frac{n^{n-\gamma}}{\Gamma(n)\Gamma(n-\gamma)}\left(\frac{\beta}{\hat{\beta}}\right)^{n-\gamma}(y\mathrm{e}^{-1/\hat{\beta}})^{n\beta}\exp\left[-\left(\frac{y}{\theta}\right)^{\beta}\right]\theta^{-(n\beta+1)} \tag{3.5}$$

其中，$\hat{\beta}$ 为 β 的 MLE，见式(2.10)。

从式(3.5)可以直接得到 PLP 模型参数 θ 和 β 的边缘后验概率密度函数，但对参数 θ 的边缘后验分析通常是一些形式复杂的积分，直接计算并不容易，这增加了关于 PLP 模型参数(θ,β)的函数的贝叶斯分析难度，详见文献[40,44,47]。MCMC 方法是解决该问题的一种简单且行之有效的方法，其中 Gibbs 抽样方法[100-101]是一种最简单且应用广泛的 MCMC 方法，本节将利用该方法简化 PLP 模型的贝叶斯分析。

Gibbs 抽样方法是一种从满条件分布中反复抽样的迭代过程，尽管 Gibbs 抽样方法本身非

常简单，但是要从满条件分布中抽样，有时是困难的，常常需要借助其他抽样方法，如重要抽样法、Metropolis 算法[102]、取舍抽样(Rejection Sampling)[96-97,103] 和自适应取舍方法(Adaptive Rejection Sampling)[77,98] 等。本小节将针对 PLP 模型的贝叶斯分析过程，采用如下所述的一种简单且易于抽样的 Gibbs 方法来分析。

令

$$\left.\begin{aligned} Z_1 &= \left(\frac{y}{\theta}\right)^{\beta} \\ Z_2 &= \beta \end{aligned}\right\} \tag{3.6}$$

则由(θ,β) 到(Z_1,β) 的雅可比行列式为

$$J = \begin{vmatrix} \dfrac{\partial\theta}{\partial z_1} & \dfrac{\partial\theta}{\partial z_2} \\ \dfrac{\partial\beta}{\partial z_1} & \dfrac{\partial\beta}{\partial z_2} \end{vmatrix} = -\, y z_1^{-1-(z_2\hat{\beta})^{-1}} z_2^{-1} \tag{3.7}$$

利用式(3.5) 和式(3.7) 可以得到(Z_1,β) 的联合后验概率密度函数为

$$f(z_1,\beta \mid \boldsymbol{t}) = \frac{z_1{}^{n-1}\mathrm{e}^{-z_1}}{\Gamma(n)} \frac{\left(\dfrac{n}{\hat{\beta}}\right)^{n-\gamma}}{\Gamma(n-\gamma)} \beta^{n-\gamma-1} \mathrm{e}^{-\frac{n\beta}{\hat{\beta}}} \tag{3.8}$$

故从式(3.8) 可以看出 Z_1 和 β 的边缘后验分布分别为 Gamma 分布，即

$$Z_1 \sim \Gamma(n,1) \tag{3.9}$$

$$\beta \sim \Gamma\left(n-\gamma,\frac{n}{\hat{\beta}}\right) \tag{3.10}$$

且 Z_1 与 β 相互独立。

此外，值得注意的是 Z_1 和β的边缘后验分布也分别是各自的满条件分布，因此可以建立关于参数(θ,β) 的 Gibbs 抽样方法，具体过程如下：

1) 从 $\Gamma\left(n-\gamma,\dfrac{n}{\hat{\beta}}\right)$分布中抽取一个样本 $\beta^{(i)}$；

2) 从 $\Gamma(n,1)$ 分布中抽取一个样本 $Z_1^{(i)}$，在给定 $\beta^{(i)}$ 值的情况下，利用式(3.6) 可以得到参数值 $\theta^{(i)}$。

从上述抽样过程可以看出，抽取一对样本$(\theta^{(i)},\beta^{(i)})$ 是很简单和容易的。重复上述步骤 1) ~ 2)m 次，就可以得到来自 PLP 模型参数(θ,β) 后验概率密度函数 $\pi(\theta,\beta \mid \boldsymbol{t})$ 的一组样本$\{(\theta^{(i)},\beta^{(i)}),i=1,\cdots,m\}$。然后，基于这组样本就可以对 PLP 模型参数的函数进行贝叶斯后验分析，并对该可修系统及其同型系统的可靠性进行贝叶斯预测分析。

3.1.3 PLP 模型参数函数的后验分析

本小节将针对第 2 章提及的 PLP 模型参数的函数进行一些贝叶斯后验分析，具体如下。

1. 强度函数

利用式(3.5)和由(θ,β)到$(\lambda(y),\beta)$的雅可比行列式 $J=-y^{1-\frac{1}{\beta}}\beta^{\frac{1}{\beta}-1}\lambda_y^{\ -1-\frac{1}{\beta}}$，可以得到$(\lambda(y),\beta)$的联合后验概率密度函数[40] $\pi(\lambda(y),\beta\mid \boldsymbol{t})$，将 $\pi(\lambda(y),\beta\mid \boldsymbol{t})$ 对 β 进行积分可以得到 $\lambda(y)$ 的边缘后验概率密度 $f(\lambda\mid \boldsymbol{t})$ 为

$$f(\lambda\mid \boldsymbol{t})=\frac{\left(\sum_{i=1}^{n}\ln(y/t_i)\right)^{n-\gamma}}{\Gamma(n)\Gamma(n-\gamma)}y^n\lambda^{n-1}\cdot \int_0^{\infty}\beta^{-\gamma-1}\exp\left\{-\beta\sum_{i=1}^{n}\ln(y/t_i)-\frac{\lambda y}{\beta}\right\}\mathrm{d}y,\quad \lambda>0 \tag{3.11}$$

式(3.11)中被积函数的表达式是广义逆高斯分布的核[40]，根据贝塞尔函数的定义，可将式(3.11)写为

$$f(\lambda\mid \boldsymbol{t})=2\frac{\left(\sum_{i=1}^{n}\ln(y/t_i)\right)^{n-\gamma}}{\Gamma(n)\Gamma(n-\gamma)}y^n\lambda^{n-1-\frac{\gamma}{2}}\left(y\Big/\sum_{i=1}^{n}\ln(y/t_i)\right)^{-\frac{\gamma}{2}}\cdot \kappa_{-\gamma}\left(2\sqrt{\lambda y\sum_{i=1}^{n}\ln(y/t_i)}\right),\quad \lambda>0 \tag{3.12}$$

式(3.11)和式(3.12)与文献[44]给出的结果一样。式(3.12)中 $\kappa_{-\gamma}(\cdot)$ 是第二类修正贝塞尔函数，目前有很多软件都可以很容易地计算出 $\kappa_{-\gamma}(\cdot)$，如 MATLAB 和 Maple 等。这里将以式(3.12)所确定的 λ 的后验分布作为精确分布，用来和本章方法的结果进行比较。

将 Gibbs 抽样样本$\{(\theta^{(i)},\beta^{(i)}),i=1,\cdots,m\}$代入当前强度 $\lambda(y)=\frac{\beta}{\theta}\left(\frac{y}{\theta}\right)^{\beta-1}$，可以得到当前强度的估计值$\{\lambda(y)^{(i)},i=1,\cdots,m\}$，利用这些估计值可以绘制出强度 $\lambda(y)$ 的直方图，并将其与式(3.12)结果进行对比。

若要基于式(3.12)获得所有与当前强度 $\lambda(y)$ 相关量的后验分析，如均值、区间分析，$\lambda(y)$ 的函数等，就要对式(3.12)进行不同形式的积分，这是非常困难的。但是，基于样本$\{\lambda(y)^{(i)},i=1,\cdots,m\}$对所有与强度 $\lambda(y)$ 相关量的后验分析结果都可以直接获得。例如，基于样本$\{\lambda(y)^{(i)},i=1,\cdots,m\}$和式(2.16)，就可以针对可修系统在截尾时间 y 时刻处的 MTBF 进行贝叶斯后验分析。

2. 系统可靠度

这里针对第 2 章中定义的系统可靠度，在无信息先验下分别给出可修系统在单、双样预测情况下的贝叶斯分析。

(1) 单样预测

由式(2.19)可知在时间段$(y,s_2]$内所试验可修系统的系统可靠度为

$$R=R(y,s_2)=\exp\left\{-\left[\left(\frac{s_2}{\theta}\right)^{\beta}-\left(\frac{y}{\theta}\right)^{\beta}\right]\right\} \tag{3.13}$$

文献[44]中针对式(3.13)给出了R后验分布的具体表达式，它是一个复杂的定积分且无解析解。但从式(3.13)可以看出R是PLP模型参数(θ,β)的函数，因此，可以用与$\lambda(y)$相同的方法来分析R的后验分布。将每一对样本值$(\theta^{(i)},\beta^{(i)})$代入式(3.13)，$R^{(i)}(i=1,\cdots,m)$都可以计算出来，之后所有与$R$有关的预测分析都可以直接基于样本$\{R^{(i)},i=1,\cdots,m\}$来获得，如$R$的分布、均值和区间分析等。

(2) 双样预测

由式(2.19)可知在时间段$(0,s]$内与所试验系统同型的可修系统的系统可靠度为

$$R=R(s)=\exp\left\{-\left(\frac{s}{\theta}\right)^{\beta}\right\} \tag{3.14}$$

文献[44]中针对$s=y$和$s>y$的特殊情况给出了R后验密度的解析解，分别为

$$f(R\mid \boldsymbol{t})=(-\ln R)^{n-1}/\Gamma(n),0<R<1 \tag{3.15}$$

$$f(R\mid \boldsymbol{t})=\frac{(-\ln R)^{n-1}}{R\Gamma(n)}\sum_{i=0}^{\infty}\frac{(\ln R)^{i}}{i!}\left[\frac{\sum\limits_{j=1}^{n}\ln(t_i/y)}{\sum\limits_{i=1}^{n}\ln(t_i/s)+i\cdot\ln(y/s)}\right]^{n-\gamma},0<R<1 \tag{3.16}$$

而对于任意的s值，与单样预测的情况类似，R的实际后验密度也是一个复杂的定积分且无解析解。从式(3.14)可以看出R也是PLP模型参数(θ,β)的函数，同样这里可以利用与$\lambda(y)$相同的方法来得到R的后验分布。

3. 期望失效次数

由式(2.20)可知可修系统在时间段$(y,s]$和$(0,s]$内的期望失效次数分别为

$$m(y,s)=\left(\frac{s}{\theta}\right)^{\beta}-\left(\frac{y}{\theta}\right)^{\beta} \tag{3.17}$$

$$m(s)=\left(\frac{s}{\theta}\right)^{\beta} \tag{3.18}$$

对比式(3.13)、式(3.14)、式(3.17)和式(3.18)可以发现，对于单样预测情况有$R(y,s)=\mathrm{e}^{-m(y,s)}$，对于双样预测情况有$R(s)=\mathrm{e}^{-m(s)}$。因此，可以用与MTBF的后验分析类似的方法来分析$m(y,s)$和$m(s)$。

3.1.4 预测分析

本小节将针对第2章中失效次数、失效时间的预测，在无信息先验下分别给出可修系统在单、双样预测情况下的贝叶斯预测分析。

1. 失效次数的预测

(1) 单样预测

由式(2.21)可知，在时间段$(y,s_2]$内所试验可修系统发生$N(y,s_2)=r(r=0,1,2,\cdots)$次

失效的后验概率[44] 为

$$P\{N(y,s_2)=r\mid \boldsymbol{t}\}=\int_0^\infty\int_0^\infty P\{N(y,s_2)=r\mid \theta,\beta\}\pi(\theta,\beta\mid \boldsymbol{t})\mathrm{d}\theta\mathrm{d}\beta$$

$$=E_{\theta,\beta|t}\left[\frac{1}{r!}\left(\frac{s_2}{\theta}\right)^\beta-\left(\frac{y}{\theta}\right)^\beta\right]^r\exp\left\{-\left[\left(\frac{s_2}{\theta}\right)^\beta-\left(\frac{y}{\theta}\right)^\beta\right]\right\} \tag{3.19}$$

文献[44] 针对 $s_1=y$ 的特殊情况给出了式(3.19) 的解析解，为

$$P\{N(y,s_2)=r\mid \boldsymbol{t}\}=$$

$$\binom{n+r-1}{r}\sum_{k=0}^{n}\binom{r}{k}(-1)^k\left[\frac{\sum_{i=1}^{n}\ln(y/t_i)}{\sum_{i=1}^{n}\ln(s_2/t_i)+k\cdot\ln(s_2/y)}\right]^{n-\gamma},r=0,1,\cdots \tag{3.20}$$

但对于任意时间段$(s_1,s_2]$，计算式(3.19) 需用数值积分方法。这里基于 Gibbs 抽样样本$\{(\theta^{(i)},\beta^{(i)}),i=1,\cdots,m\}$，利用下式可以方便地计算出式(3.19) 的值，且不受 s_1 和 s_2 取值的影响：

$$P\{N(s_1,s_2)=r\mid \boldsymbol{t}\}=\frac{1}{m}\sum_{i=1}^{m}P\{N(s_1,s_2)=r\mid \theta^{(i)},\beta^{(i)}\} \tag{3.21}$$

(2) 双样预测

由式(2.22) 可知，在时间段$(0,s]$内与所试验系统同型的可修系统发生 $N(0,s)=r(r=0,1,2,\cdots)$ 次失效的后验概率[44] 为

$$P\{N(0,s)=r\mid \boldsymbol{t}\}=E_{\theta,\beta|t}[P\{N(0,s)=r\mid \theta,\beta\}]$$

$$=E_{\theta,\beta|t}\left[\frac{1}{r!}\left[\left(\frac{s}{\theta}\right)^\beta\right]^r\exp\left\{-\left(\frac{s}{\theta}\right)^\beta\right\}\right] \tag{3.22}$$

文献[44] 针对 $s=y$ 和 $s>y$ 两种特殊情况给出了式(3.22) 的解析解，分别为

$$P\{N(0,y)=r\mid \boldsymbol{t}\}=\binom{n+r-1}{n-1}(1/2)^{n-\gamma} \tag{3.23}$$

$$P\{N(0,s)=r\mid \boldsymbol{t}\}=\binom{n+r-1}{r}\sum_{j=0}^{\infty}\binom{-n-r}{j}\left[\frac{\sum_{i=1}^{n}\ln(y/t_i)}{\sum_{i=1}^{n}\ln\left(\frac{s}{t_i}\right)+j\ln\left(\frac{s}{y}\right)}\right]^{n-\gamma} \tag{3.24}$$

但对于其他 s 值，仍需借助数值积分方法求解。而基于 Gibbs 抽样样本$\{(\theta^{(i)},\beta^{(i)}),i=1,\cdots,m\}$可以对任意 s 值利用下式直接计算出式(3.22) 的值：

$$P\{N(0,s)=r\mid \boldsymbol{t}\}=\frac{1}{m}\sum_{i=1}^{m}\frac{1}{r!}\left[\left(\frac{s}{\theta^{(i)}}\right)^{\beta^{(i)}}\right]^r\exp\left\{-\left(\frac{s}{\theta^{(i)}}\right)^{\beta^{(i)}}\right\} \tag{3.25}$$

2. 失效时间的预测

(1) 单样预测

由式(2.26) 可知，在截尾时间 y 后所试验可修系统可能发生第 $r(r=1,2,\cdots)$ 次失效的时

间 T_{n+r} 的预测分布为

$$P\{T_{n+r} \leqslant \tau \mid \boldsymbol{t}\} = E_{\theta,\beta|\boldsymbol{t}}\left[G_\Gamma\left(\left(\frac{\tau}{\theta}\right)^\beta - \left(\frac{y}{\theta}\right)^\beta; r, 1\right)\right], \tau \geqslant y \tag{3.26}$$

基于 Gibbs 抽样样本$\{(\theta^{(i)},\beta^{(i)}),i = 1,\cdots,m\}$,式(3.26) 可进一步简化为

$$P\{T_{n+r} \leqslant \tau \mid \boldsymbol{t}\} = \frac{1}{m}\sum_{i=1}^{m} G_\Gamma\left(\left(\frac{\tau}{\theta^{(i)}}\right)^{\beta^{(i)}} - \left(\frac{y}{\theta^{(i)}}\right)^{\beta^{(i)}}; r, 1\right) \tag{3.27}$$

此外,利用式(3.26) 和式(2.27) 还可以获得可修系统在未来发生第 r 次失效的间隔时间 $Z_{n+r} = T_{n+r} - y$ 的预测分布。

文献[44] 仅对失效截尾情况给出了 $P\{Z_{n+r} \leqslant z\}$ 的解析解为

$$P\{Z_{n+r} \leqslant z \mid \boldsymbol{t}\} = r\begin{pmatrix} n+r-1 \\ r \end{pmatrix}\sum_{k=0}^{r-1}\frac{1}{n+k}\begin{pmatrix} r-1 \\ k \end{pmatrix}(-1)^k \cdot$$

$$\left\{1 - \left[\frac{\sum_{i=1}^{n}\ln(t_n/t_i)}{\sum_{i=1}^{n}\ln\left(\frac{t_n+z}{t_i}\right) + k \cdot \ln\left(\frac{t_n+z}{t_n}\right)}\right]^{n-\gamma}\right\}, z \geqslant 0, r = 0,1,\cdots \tag{3.28}$$

而式(3.27) 以及本节方法所得 Z_{n+r} 的预测分布都不会受到可靠性试验截尾方式的影响。

特别地,当 $r = 1$ 时式(3.27) 可简化为

$$P\{T_{n+1} \leqslant \tau \mid \boldsymbol{t}\} = \frac{1}{m}\sum_{i=1}^{m}\left[1 - \exp\left\{-\left(\frac{\tau}{\theta^{(i)}}\right)^{\beta^{(i)}} + \left(\frac{y}{\theta^{(i)}}\right)^{\beta^{(i)}}\right\}\right] \tag{3.29}$$

(2) 双样预测

由式(2.29) 可知,与所试验系统同型的可修系统发生第 $r(r = 1,2,\cdots)$ 次失效的时间 W_r 的预测分布为

$$P\{W_r \leqslant w \mid \boldsymbol{t}\} = E_{\theta,\beta|\boldsymbol{t}}\left[G_\Gamma\left(\left(\frac{w}{\theta}\right)^\beta; r, 1\right)\right],\ w \geqslant 0 \tag{3.30}$$

式(3.30) 也即为文献[44] 中的式(4.11),它实际上是一个复杂的二重积分。文献[44] 中针对式(3.30) 在 $w = y, r = 1$ 且 $w > y$ 两种情况下给出了解析解,分别为

$$P\{W_r \leqslant y \mid \boldsymbol{t}\} = r\begin{pmatrix} n+r-1 \\ r \end{pmatrix}2^{-r}\sum_{k=0}^{\infty}\begin{pmatrix} n-1 \\ k \end{pmatrix}\frac{(-2)^{-r}}{r+k} \tag{3.31}$$

$$P\{W_1 \leqslant w \mid \boldsymbol{t}\} = 1 - \sum_{j=0}^{\infty}\begin{pmatrix} -n \\ j \end{pmatrix}\left[\frac{\sum_{i=1}^{n}\ln(y/t_i)}{\sum_{i=1}^{n}\ln\left(\frac{w}{t_i}\right) + j\ln\left(\frac{w}{y}\right)}\right]^{n-\gamma}, w > y \tag{3.32}$$

而基于 Gibbs 抽样样本$(\theta^{(i)},\beta^{(i)})(i = 1,\cdots,m)$,对任意 w 值利用下式可以直接计算出式(3.30) 的值:

$$P\{W_r \leqslant w \mid \boldsymbol{t}\} = \frac{1}{m}\sum_{i=1}^{m} G_\Gamma\left(\left(\frac{w}{\theta^{(i)}}\right)^{\beta^{(i)}}; r, 1\right) \tag{3.33}$$

3.1.5　算例分析

表 3.1 列出了一种复合型飞机发动机在可靠性增长试验过程中的 13 次失效时间，这些数据最早是由 Duane[2] 使用，后来被 Rigdon 和 Basu[32]，Shual[44] 等人所讨论。这里我们也以这些数据为基础来分析该发动机及其同型发动机的可靠性。

为了与文献[44] 中的结果做比较，并以此来说明本节方法的可行性、合理性与有效性，这里取 $\gamma = 1$ 和 $y = t_n$，与此对应的无信息先验分布为 $\pi(\theta,\beta) = (\theta\beta)^{-1}(\theta > 0,\beta > 0)$。此外，在抽取 PLP 模型参数 (θ,β) 样本的过程中，取抽样次数 $m = 10^5$。

表 3.1　飞机发动机的失效时间

失效次数 i	失效时间 t_i/ h
1	55
2	166
3	205
4	341
5	488
6	567
7	731
8	1 308
9	2 050
10	2 453
11	3 115
12	4 017
13	4 596

1. PLP 模型参数的函数的预测

首先来看关于 PLP 模型参数 (θ,β) 的后验分布，图 3.1 给出了发动机当前强度函数 $\lambda(y)$ 的后验分布直方图，可以看出它与式(3.12) 所确定的精确分布几乎一致。

在 3.1.3 节中已提到可修系统在时间段 $(y,s]$ 内系统可靠度 R 的精确后验分布无法获得，而本节的方法可以快捷地给出 R 的后验分布以供参考，图 3.2 中绘制的就是当前所试验发动机在时间段 $(y,1.5y]$ 内系统可靠度 R 的后验分布直方图。

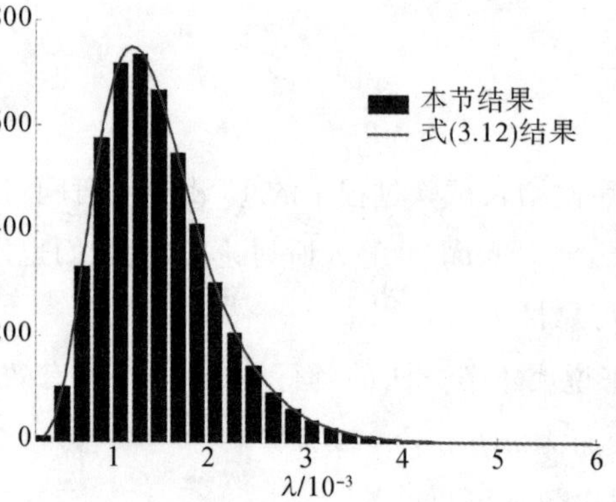

图 3.1　强度函数的后验分布

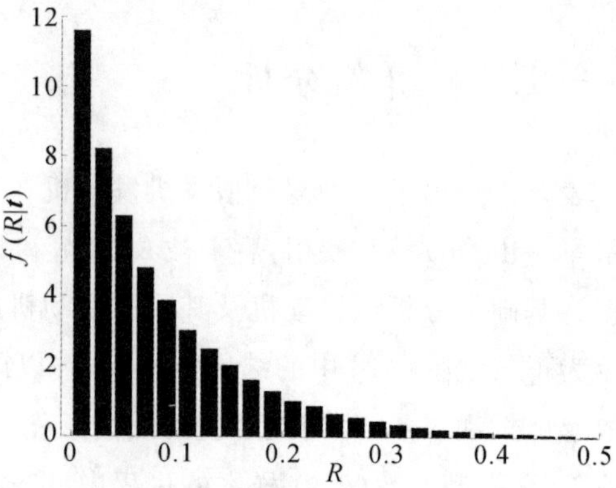

图 3.2　系统可靠度的后验分布直方图

基于当前所试验发动机还可以预测另一同型发动机在时间段$(0,s]$内的系统可靠度，图 3.3 和图 3.4 中分别给出了另一同型发动机在$s=y$和$s=1.25y$时系统可靠度的后验分布直方图。从图 3.3 和图 3.4 中可以看出，采用本节方法所得到的结果与文献[44]中的解析解($s=y$和$s>y$)几乎一致。此外还可以看出发动机的系统可靠度高度地集中在0可靠度附近，这也预示了该同型发动机几乎不可能在不发生失效的情况下一直工作至时间$y=4\ 596$或更久。

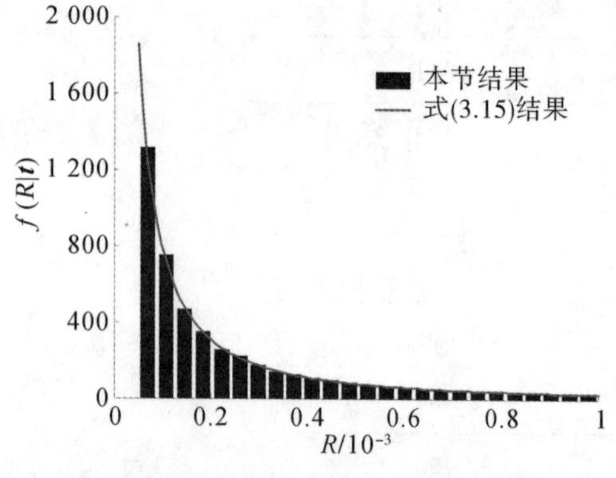

图 3.3　$s=y$时系统可靠度的后验分布

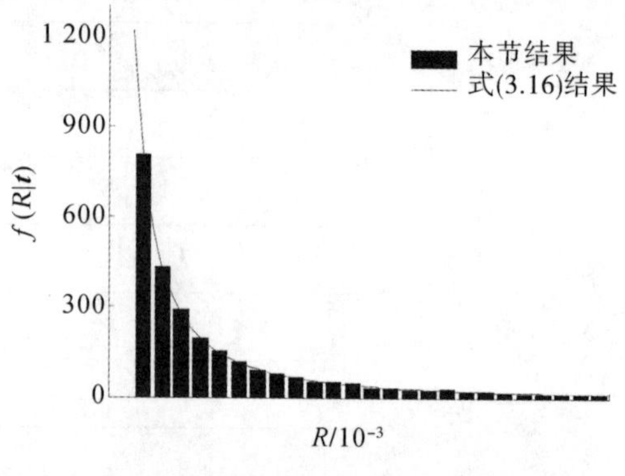

图 3.4　$s=1.25y$时系统可靠度的后验分布

2. 单样预测分析

下面在已有发动机失效数据的基础上，预测其在之后的时间段$(s_1,s_2]$内的失效情况，即单样预测分析。图 3.5 中给出了发动机在时间段(4 596,6 000]内失效次数的预测分布，从图 3.5 中可以看出，利用式(3.21)计算的结果与文献[44]中当$s_1=y$时的解析解非常接近。两种方法的结果均显示发动机在时间段(4 596,6 000]内发生 1 次失效的概率最大，而发生 7 次以上失效的概率都非常小。从表 3.2 中可以看出，利用两种方法所计算的发动机发生 1 次失效和 7 次失效的概率的相对误差仅为 0.11% 和 0.15%。

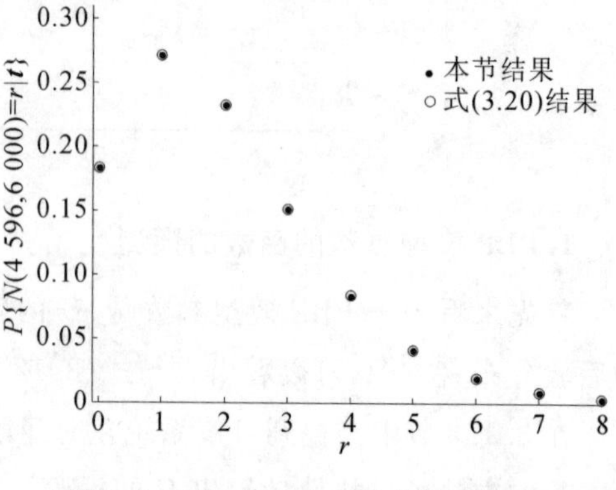

图 3.5　$N(4\ 596,6\ 000)$ 的预测分布

图 3.6 和图 3.7 分别给出的是发动机第 $n+1$ 次失效时间 T_{n+1} 和第 $n+2$ 次失效时间 T_{n+2} 的预测分布，可以看出式(3.27)所给 T_{n+1} 和 T_{n+2} 的预测分布与文献[44]针对失效截尾情况给出的解析解非常接近。此外，从图中还可以看出发动机的下一次失效将会以大约 95% 的概率发生在未来 3 000 h 内，未来第 2 次失效将会以约 95% 的概率发生在未来 6 000 h 内，具体概率值和相对误差列于表 3.2 中。

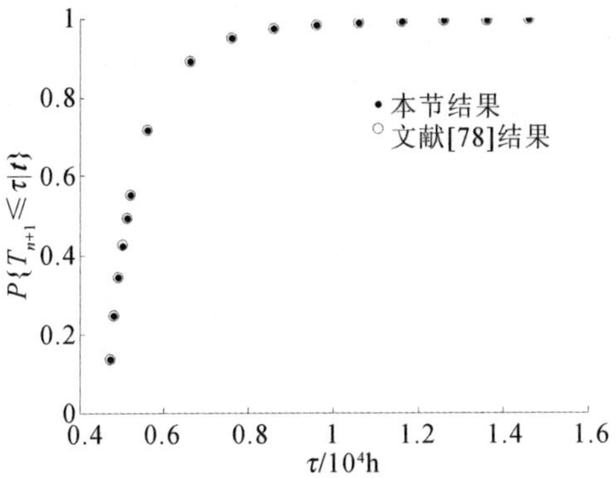

图 3.6　T_{n+1} 的预测分布

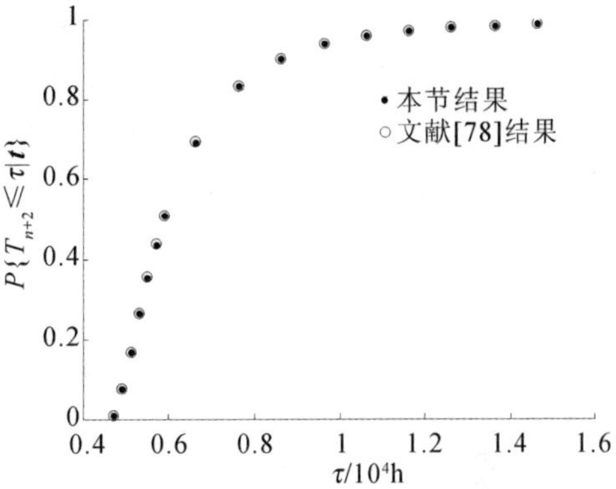

图 3.7　T_{n+2} 的预测分布

表 3.2　单样预测分析结果比较

概率	本节方法	文献[44]方法	相对误差
$P\{N(4\ 596,6\ 000)=1\mid \boldsymbol{t}\}$	0.272 329	0.272 019	0.11%
$P\{N(4\ 596,6\ 000)=7\mid \boldsymbol{t}\}$	0.008 463	0.008 476	0.15%
$P\{T_{n+1}\leqslant y+3\ 000\mid \boldsymbol{t}\}$	0.950 914	0.951 072	0.017%
$P\{T_{n+2}\leqslant y+6\ 000\mid \boldsymbol{t}\}$	0.959 306	0.959 461	0.016%

3. 双样预测分析

在已有发动机失效数据的基础上，预测另一同型发动机在时间段$(0,s]$内的失效情况，即双样预测分析。图 3.8 和图 3.9 中分别给出了另一同型发动机在时间段$(0,y]$和$(0,1.25y]$内失效次数的预测分布，从图 3.8 和图 3.9 中可以看出利用式(3.25)计算的结果与解析解式(3.23)和式(3.24)非常接近。表 3.3 中列出了利用本节中的方法和文献[44]中的方法所得的一些双样预测分析结果。当 $s=y$ 时，文献[44]中方法指出发动机发生 $r=11$ 和 $r=12$ 次失效的概率最大，其与本节方法所得结果的相对误差只有 0.25% 和 0.15%。此外，两种方法的结果均显示另一同型发动机在时间 4 596 h 内发生 24 次以上失效的概率小于 0.009 2。当 $s>y$ 时，本书和文献[44]中方法的结果都显示发动机发生 $r=13$ 次失效的概率最大，且两个概率值的相对误差仅为 0.20%；而在时间 $1.25y$ 内，发动机发生 26 次以上失效的概率均小于 0.01。从表 3.3 中可以看出：利用本书和文献[44]中方法计算 $P\{N(0,y)=24\mid \boldsymbol{t}\}$ 和 $P\{N(0,1.25y)=26\mid \boldsymbol{t}\}$ 的相对误差分别为 1.08% 和 1.02%；随着失效次数的增加，利用本书方法计算其相应概率的误差也会增大，这是由于分布函数在其尾分布处的失效概率很小，较难用数值方法来精确模拟。

图 3.10 和图 3.11 中分别绘制的是式(3.33)所给出的另一同型发动机的第 1 次失效时间

W_1 和第 2 次失效时间 W_2 的预测分布。表 3.3 中给出了本书方法和文献[44] 中方法所得的 $P\{W_1 \leqslant y \mid \boldsymbol{t}\}$ 和 $P\{W_2 \leqslant y \mid \boldsymbol{t}\}$，两种方法的相对误差仅为 0.000 2% 和 0.000 9%。与文献[44] 中方法不同的是，对任意 w 值本书方法都能利用式(3.33) 简单、快捷地给出 W_r 的预测分析。此外，从图中还可以看出另一同型发动机的第 1 次失效将会以 95.05% 的概率发生在 445 h 内，第 2 次失效将会以 95.04% 的概率发生在 1 015 h 内。

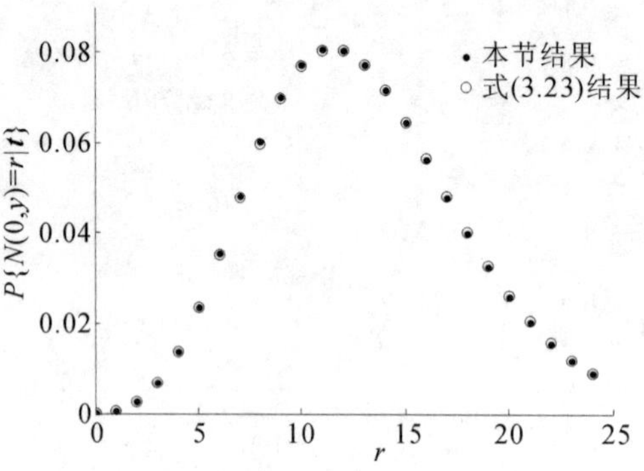

图 3.8　$N(0,y)$ 的预测分布

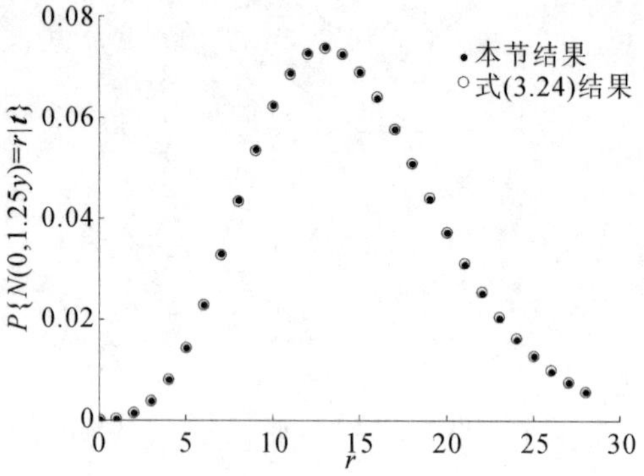

图 3.9　$N(0,1.25y)$ 的预测分布

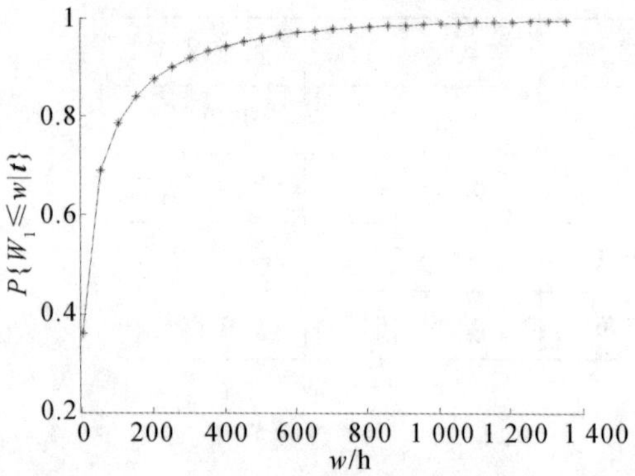

图 3.10　W_1 的预测分布

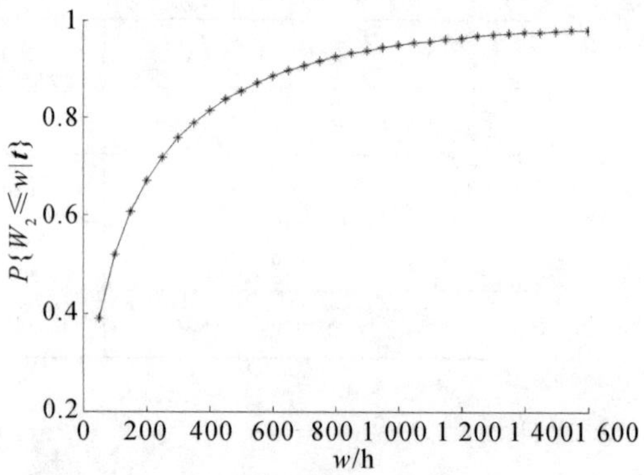

图 3.11　W_2 的预测分布

表 3.3　双样预测分析结果比较

概率	本节方法	文献[44] 方法	相对误差
$P\{N(0,y)=11 \mid \boldsymbol{t}\}$	0.080 791	0.080 590	0.25%
$P\{N(0,y)=12 \mid \boldsymbol{t}\}$	0.080 715	0.080 590	0.15%
$P\{N(0,y)=24 \mid \boldsymbol{t}\}$	0.009 009	0.009 107	1.08%
$P\{N(0,1.25y)=13 \mid \boldsymbol{t}\}$	0.074 012	0.073 864	0.20%
$P\{N(0,1.25y)=26 \mid \boldsymbol{t}\}$	0.009 871	0.009 973	1.02%
$P\{W_1 \leqslant y \mid \boldsymbol{t}\}$	0.999 880	0.999 878	0.000 2%
$P\{W_2 \leqslant y \mid \boldsymbol{t}\}$	0.999 093	0.999 084	0.000 9%

3.1.6　小结

本节基于 MCMC 方法在无信息先验下讨论了一种简单且易于抽样的 PLP 模型的贝叶斯分析方法。许多文献(如文献[44,72,77])都是直接从 PLP 模型参数(θ,β)的联合后验概率密度函数出发对 PLP 模型参数进行分析的,所得参数的边缘后验分布形式复杂,尤其参数θ的边缘后验概率密度函数是以复杂积分形式出现的,很难对其直接抽样,这也加大了模型参数的函数的后验分析和可修系统及其同型系统预测分析的难度。本节则是将 PLP 模型参数(θ,β)的联合后验概率密度函数转换为参数的函数的联合后验概率密度函数,利用易于抽样的参数函数的后验概率密度函数来获得参数本身的 MCMC 样本。将所得参数的 MCMC 样本代入参数的函数便可得到参数的函数的样本,利用它们可以直接求得参数的函数的各种数字特征和母体百分位数等。此外,基于所得参数的 MCMC 样本,本节还给出了单样预测和双样预测的分析方法,所给预测方法具有很好的适用性,不会受到失效截尾方式、时间预测范围$(s_1,s_2]$的区间端点取值等的影响。通过经典工程数值算例将本节方法的结果与文献[44]方法所给具有解析解的结果进行对比,说明本节方法具有可行性、合理性与有效性。与 PLP 模型的传统贝叶斯方法相比,本节所讨论方法简单且易于实施,可以简化 PLP 模型的贝叶斯分析及其预测分析过程,并且考虑了多种合理的无信息先验分布,因此,本节所讨论方法具有一定的优越性,可以为小子样情况下可修系统的可靠性分析问题提供一种值得参考的思路。

3.2　PLP 模型强度函数的贝叶斯预测分析

在 3.1 节中已经对无信息先验下可修系统的当前强度进行了研究,如果可修系统在可靠性试验截尾时间 y 之后的失效过程仍然服从 PLP 模型,则如何对此后可修系统的失效强度进行预测分析也是我们非常关注的研究内容。与此相关的研究工作可参见文献[47,74],然而文献[47,74]中关于可修系统未来强度的贝叶斯预测分析存在一定的局限性。文献[47]在无信息先验和信息先验下给出了 PLP 模型未来强度的贝叶斯预测分析方法,但仅是关于未来某次失效时刻处强度函数值的预测分析。文献[74]虽在形状参数已知和未知时的两种无信息先验下给出了 PLP 模型在未来某一时刻处强度函数值的贝叶斯预测分析结果,但由于结果形式复杂,不利于对其函数(如 MTBF)进行预测分析。针对 PLP 模型的未来强度的贝叶斯预测分析中所存在的问题,本节将给出一些解决方法。

3.2.1　强度函数的传统贝叶斯预测分析

1. 强度函数的后验密度

假定可修系统在可靠性试验截尾时间 y 之后的失效过程与截尾之前的失效过程均服从 PLP 模型,本节将基于此假定讨论可修系统在未来某一时刻 $T(T>y)$ 处强度函数值的预测分析问题。

可修系统在未来某时刻 $T(T>y)$ 处的强度函数值为

$$\lambda_T = \lambda(T) = \frac{\beta}{\theta}\left(\frac{T}{\theta}\right)^{\beta-1} \tag{3.34}$$

由(θ,β)到(λ_T,β)的雅可比行列式[74]为

$$J = -T^{1-\frac{1}{\beta}}\beta^{\frac{1}{\beta}-1}\lambda_T^{\ -1-\frac{1}{\beta}} \tag{3.35}$$

在式(3.4)所示的无信息先验下，PLP模型参数(θ,β)的联合后验概率密度函数为式(3.5)，利用式(3.5)和式(3.35)可以得到(λ_T,β)的联合后验概率密度函数为

$$f(\lambda_T,\beta \mid \boldsymbol{t}) = \pi(\theta,\beta \mid \boldsymbol{t}) \cdot \mid J \mid \tag{3.36}$$

将式(3.36)化简后得到

$$f(\lambda_T,\beta \mid \boldsymbol{t}) = \frac{\left(\sum_{i=1}^{n}\ln\left(\frac{y}{t_i}\right)\right)^{n-\gamma}T^n}{\Gamma(n)\Gamma(n-\gamma)}\beta^{-\gamma-1}\left(\frac{y}{T}\right)^{n\beta}\lambda_T^{n-1}\exp\left\{-\beta\sum_{i=1}^{n}\ln\left(\frac{y}{t_i}\right)-\frac{\lambda_T y^{\beta}}{\beta T^{\beta-1}}\right\} \tag{3.37}$$

当$\gamma=1$时，式(3.37)就与文献[74]中的结果完全一致。

将式(3.37)对β进行积分，就可以得到λ_T的边缘后验概率密度函数，即

$$f_{\lambda_T}(\lambda_T) = \frac{T^n}{\Gamma(n)\Gamma(n-\gamma)}\left(\sum_{i=1}^{n}\ln(y/t_i)\right)^{n-\gamma}\lambda_T^{n-1} \cdot$$

$$\int_0^{\infty}\beta^{-\gamma-1}(y/T)^{n\beta}\exp\left\{-\beta\sum_{i=1}^{n}\ln(y/t_i)-\frac{\lambda_T y^{\beta}}{\beta T^{\beta-1}}\right\}\mathrm{d}\beta \tag{3.38}$$

虽然式(3.38)中关于β的积分的解析解无法得到，但却可以利用Monte Carlo方法或其他数值积分方法获得其估计值。

将式(3.38)进行变换可以得到

$$f_{\lambda_T}(\lambda_T) = \frac{T^n\lambda_T^{n-1}}{\Gamma(n)}\int_0^{\infty}g_{\Gamma}\left(\beta;n-\gamma,\sum_{i=1}^{n}\ln\left(\frac{y}{t_i}\right)\right)\cdot\left\{\frac{1}{\beta}\left(\frac{y}{T}\right)^{\beta}\right\}^n\exp\left\{-\frac{\lambda_T y^{\beta}}{\beta T^{\beta-1}}\right\}\mathrm{d}\beta \tag{3.39}$$

由$\Gamma\left(n-\gamma,\sum_{i=1}^{n}\ln\frac{y}{t_i}\right)$分布产生$m$个伪随机数$\beta_i(i=1,\cdots,m)$，利用Monte Carlo方法就可以估计出式(3.39)，于是式(3.38)可以近似为

$$f_{\lambda_T}(\lambda_T) = \frac{T^n\lambda_T^{n-1}}{m\Gamma(n)}\sum_{i=1}^{m}\left\{\frac{1}{\beta_i}\left(\frac{y}{T}\right)^{\beta_i}\right\}^n\exp\left\{-\frac{\lambda_T y^{\beta_i}}{\beta_i T^{\beta_i-1}}\right\} \tag{3.40}$$

因此，式(3.40)就给出了λ_T的后验概率密度函数的数值解。

2. 强度函数的贝叶斯估计和预测限

在给定的损失函数下，基于式(3.38)可以得到λ_T的贝叶斯估计，且损失函数不同，λ_T的贝叶斯估计也就不同，但它们的结果都是关于式(3.38)的各种形式的积分。

以常用的平方损失函数为例，此时λ_T的贝叶斯估计为后验分布的数学期望，即

$$\lambda_T^B = E(\lambda_T) = \int_0^{\infty}\lambda_T f_{\lambda_T}(\lambda_T)\mathrm{d}\lambda_T \tag{3.41}$$

将式(3.38)代入式(3.41)并经化简整理后可得

$$\lambda_T^B = n\int_0^{\infty}\left[\frac{\beta T^{\beta-1}}{y^{\beta}}\right]g_{\Gamma}\left(\beta;n-\gamma,\sum_{i=1}^{n}\ln\left(\frac{y}{t_i}\right)\right)\mathrm{d}\beta \tag{3.42}$$

于是由伪随机数$\beta_j(j=1,\cdots,m)$，利用Monte Carlo方法可以给出式(4.42)的数值解为

$$\lambda_T^B = \frac{n}{m}\sum_{i=1}^{m}\frac{\beta_i T^{\beta_i-1}}{y^{\beta_i}} \tag{3.43}$$

此外，基于式(3.38)还可以得到 λ_T 的可信水平为 $1-\alpha$ 的贝叶斯预测上限 λ_T^U，λ_T^U 满足 $1-\alpha=\int_0^{\lambda_T^U} f_{\lambda_T}(\lambda_T)\mathrm{d}\lambda_T$，即

$$1-\alpha=\int_0^{\lambda_T^U}\frac{T^n\lambda_T^{n-1}}{\Gamma(n)\Gamma(n-\gamma)}\left(\sum_{i=1}^n\ln\frac{y}{t_i}\right)^{n-\gamma}\cdot\left[\int_0^\infty\beta^{-\gamma-1}\left(\frac{y}{T}\right)^{n\beta}\exp\left\{-\beta\sum_{i=1}^n\ln\frac{y}{t_i}-\frac{\lambda_T y^\beta}{\beta T^{\beta-1}}\right\}\mathrm{d}\beta\right]\mathrm{d}\lambda_T \tag{3.44}$$

更换式(3.44)中积分的次序，并利用 Gamma 分布与泊松分布的关系[74]

$$\frac{b^a}{\Gamma(a)}\int_0^c x^{a-1}\exp\{-bx\}\mathrm{d}x=1-\sum_{i=0}^{a-1}\frac{(bc)^i}{i!}\exp\{-bc\} \tag{3.45}$$

可以将式(3.44)变换为

$$\alpha=1-\sum_{i=0}^{n-1}\int_0^\infty g_\Gamma\left(\beta;n-\gamma,\sum_{i=1}^n\ln\frac{y}{t_i}\right)\mathrm{Poission}\left(i,\frac{\lambda_T^U y^\beta}{\beta T^{\beta-1}}\right)\mathrm{d}\beta \tag{3.46}$$

其中，$\mathrm{Poission}\left(i;\frac{\lambda_T^U y^\beta}{\beta T^{\beta-1}}\right)$ 表示参数为 $\frac{\lambda_T^U y^\beta}{\beta T^{\beta-1}}$ 的泊松分布的分布律。特别地，当 $\gamma=1$ 时，式(3.46)就与文献[74]中的结果完全一致。

对于给定的可信水平 $1-\alpha$，借助其他数值迭代方法就可以由式(3.46)得到 λ_T 的可信水平为 $1-\alpha$ 的贝叶斯预测上限 λ_T^U。

从上述 λ_T 的传统贝叶斯预测分析中可以看出，无论是 λ_T 的贝叶斯估计还是区间分析，甚至关于 λ_T 的函数(如 MTBF)的贝叶斯分析，最终都归结为关于 λ_T 后验概率密度式(3.38)的各种形式积分的计算。由于式(3.38)所表达的概率密度函数形式复杂且无解析解，这将增加 λ_T 及其函数的后验分析难度，从而制约了传统贝叶斯预测分析方法的应用。如果能够获得来自 λ_T 后验分布的样本，就可以方便地对 λ_T 及其函数进行各种后验分析，而 MCMC 方法就可以产生满足后验分布的样本，并且 MCMC 方法是目前解决复杂贝叶斯后验分析问题的一种简单且行之有效的方法。因此，下面将基于 MCMC 方法给出 λ_T 的两种贝叶斯预测分析方法。

3.2.2　基于 MCMC 方法的强度函数的贝叶斯预测分析

1. Gibbs 抽样与 Metropolis-Hastings 算法混合的方法

在建立 λ_T 和 β 的 Gibbs 抽样过程之前，需要知道它们的满条件分布。由式(3.37)可以得到 λ_T 和 β 的满条件分布，分别为

$$f(\lambda_T\mid\beta,\boldsymbol{t})\propto\lambda_T^{n-1}\exp\left\{-\lambda_T\frac{y^\beta}{\beta T^{\beta-1}}\right\} \tag{3.47}$$

$$f(\beta\mid\lambda_T,\boldsymbol{t})\propto\beta^{-\gamma-1}\left(\frac{y}{T}\right)^{n\beta}\exp\left\{-\beta\sum_{i=1}^n\ln\frac{y}{t_i}-\frac{\lambda_T y^\beta}{\beta T^{\beta-1}}\right\} \tag{3.48}$$

Gibbs 抽样方法本身非常简单，其关键就在于如何从满条件分布中抽样。从式(3.47)可以看出，当给定 β 和 $\boldsymbol{t}$ 时，$\lambda_T\sim\Gamma(n,y^\beta/\beta T^{\beta-1})$。而从式(3.48)中可以看出，它所表示的概率密度函数并非常见分布的概率密度函数，要从该满条件分布直接抽样是很困难的，需要借助其他抽样方法。如果式(3.48)中的概率密度函数具有一些优良的性质，比如它具有对数凸性就可以采

用自适应取舍抽样[77,96,98]来抽样，或者它满足取舍抽样[96-97,103]条件等，不幸的是它都不具备这些性质。又考虑到 Metropolis-Hastings 算法[102]也是 MCMC 方法的一种，它比较简单和灵活，虽比 Gibbs 更早出现，却不及 Gibbs 抽样方法常用，这是由于该方法在高维中使用时很难选择合适的建议分布，但对低维问题，Metropolis-Hastings 算法使用起来很方便[102]。因此，对于式(3.48)中满条件分布的抽样问题可以用 Metropolis-Hastings 算法来解决。这样，将 Gibbs 抽样与 Metropolis-Hastings 算法结合[104]起来使用，就可以弥补相互的不足。

下面采用 Gibbs 抽样与 Metropolis-Hastings 算法相结合的方法(G－M 方法)来获得(λ_T,β)的 MCMC 样本，具体抽样过程如下。

(1) 从满条件分布 $f(\lambda_T \mid \beta^{(i-1)},t)$ 中抽取 $\lambda_T{}^{(i)}$。

(2) 从满条件分布 $f(\beta \mid \lambda_T{}^{(i)},t)$ 中抽取 $\beta^{(i)}$，采用如下的 Metropolis-Hastings 算法实现：

1) 初始化 Markov 链的起始点为 β_0 和 $k=0$；

2) 从建议分布 $q(\beta_k,\beta')$ 中抽取 β'；

3) 从$[0,1]$上的均匀分布中抽取一个随机数 u；

4) 如果 $u \leqslant \alpha(\beta_k,\beta')$，接受 $\beta_{k+1}=\beta'$，否则 $\beta_{k+1}=\beta_k$；

其中

$$\alpha(\beta_k,\beta')=\min\left\{1,\frac{f(\beta' \mid \lambda_T,t)q(\beta',\beta_k)}{f(\beta_k \mid \lambda_T,t)q(\beta_k,\beta')}\right\}$$

5) 令 $k=k+1$，重复步骤 2) ～ 5) 直至收敛，将收敛后的任意一个 β_k 作为 Gibbs 抽样中的 $\beta^{(i)}$ 即可。

重复上述步骤(1) ～ (2) 直至收敛，就可以得到(λ_T,β)的 MCMC 样本$\{(\lambda_T{}^{(i)},\beta^{(i)}),i=1,\cdots,M\}$。

需要说明的是，上述抽样过程中建议分布 $q(\beta_k,\beta')$ 的选取非常灵活。常用的建议分布多为对称的分布，如正态分布和 t 分布等。此外，建议分布 $q(\beta_k,\beta')$ 可以与当前状态 β_k 有关，也可以无关。如果 $q(\beta_k,\beta')$ 与当前状态 β_k 无关，则与此相应的 Metropolis-Hastings 算法称为独立抽样。独立抽样的效果可能很好，也可能不好，要使独立抽样有好的结果，应使建议分布接近被抽样分布[96]。另外，建议分布的选择会直接影响到 Metropolis-Hastings 算法的收敛速度。依据式(3.48)的情况，本节采用以对数正态分布为建议分布的独立抽样方法来获取来自式(3.48)分布的样本。

基于收敛后的 MCMC 样本$\{(\lambda_T{}^{(i)},\beta^{(i)}),i=1,\cdots,M\}$，就可以很方便地对 λ_T 及其函数进行各种后验分析。本节将利用 Chen 和 Shao 的方法[105]对 λ_T 及其函数 $h(\lambda_T,\beta)$ 进行分析，可以快捷地获得 λ_T 和 $h(\lambda_T,\beta)$ 的贝叶斯可信域(Bayesian Credible Interval)和最大后验密度(Highest Posterior Density，HPD)可信域，具体过程如下：

将样本$\{\lambda_T{}^{(i)},i=1,\cdots,M\}$按照由小到大的顺序 $\lambda_{T,(1)}<\cdots<\lambda_{T,(M)}$ 重新排序为$\{\lambda_{T,(i)},i=1,\cdots,M\}$，则 λ_T 的可信水平为 $1-\alpha$ 的贝叶斯可信区间为

$$(\lambda_{T,([(\alpha/2)M])},\lambda_{T,([(1-\alpha/2)M])}) \tag{3.49}$$

其中，$[A]$表示 A 的整数部分；$\lambda_{T,([A])}$ 表示样本$\{\lambda_{T,(i)},i=1,\cdots,M\}$中第$[A]$个样本值。

由于λ_T 的后验密度 $f(\lambda_T \mid t)$ 是单峰函数，可以利用式(3.49)得到$(\lambda_{T,([j])},\lambda_{T,([j+(1-\alpha)M])})$，$j=1,\cdots,M-[(1-\alpha)M]$，于是 λ_T 的可信水平为 $1-\alpha$ 的贝叶斯 HPD 区间为

$$(\lambda_{T,([j^*])},\lambda_{T,([j^*+(1-\alpha)M])}) \tag{3.50}$$

其中，j^* 满足

$$\lambda_{T,([j^*+(1-\alpha)M])}-\lambda_{T,([j^*])}=\min_{1\leqslant j\leqslant M-[(1-\alpha)M]}(\lambda_{T,([j+(1-\alpha)M])}-\lambda_{T,([j])}) \tag{3.51}$$

类似地，可以由样本 $\{h(\lambda_T^{(i)},\beta^{(i)}),i=1,\cdots,M\}$ 得到函数 $h(\lambda_T,\beta)$ 的贝叶斯可信区间。同样，对于函数 $h(\lambda_T,\beta)$，只需将其样本值 $\{h_i=h(\lambda_T^{(i)},\beta^{(i)}),i=1,\cdots,M\}$ 按照由小到大的顺序 $h_{(1)}<\cdots<h_{(M)}$ 排序为 $\{h_{(i)},i=1,\cdots,M\}$，就可得函数 $h(\lambda_T,\beta)$ 的可信水平为 $1-\alpha$ 的贝叶斯 HPD 区间为

$$(h_{([j^*])},h_{([j^*+(1-\alpha)M])}) \tag{3.52}$$

其中，j^* 满足

$$h_{([j^*+(1-\alpha)M])}-h_{([j^*])}=\min_{1\leqslant j\leqslant M-[(1-\alpha)M]}(h_{([j+(1-\alpha)M])}-h_{([j])}) \tag{3.53}$$

G－M 方法给出了一种直接从 (λ_T,β) 联合后验分布 $f(\lambda_T,\beta\mid t)$ 获取其 MCMC 样本的方法，考虑到 G－M 方法是一个具有两重 Markov 链的双重抽样方法，虽然每一重抽样方法本身并不复杂，但是在每一重 Markov 链的分析中最终用到的都是 Markov 链收敛后的样本，故在提高计算精度的同时也要付出计算量的代价。因此，下面给出一种既简单快捷又具有一定精度的 λ_T 及其函数的贝叶斯分析方法。

2. 重要抽样法

这种抽样法不是从联合分布 $f(\lambda_T,\beta\mid t)$ 直接抽样，而是将另一联合分布 $\tilde{f}(\lambda_T,\beta)$ 作为重要抽样密度函数并对其抽取样本 $\{(\lambda_{T,k},\beta_k),k=1,\cdots,K\}$，然后基于此样本来对 λ_T 及其函数进行贝叶斯分析，具体方法如下。

将式(3.37)改写[106-107]为

$$f(\lambda_T,\beta\mid t)\propto\tilde{f}(\lambda_T,\beta)\cdot\delta(\lambda_T,\beta) \tag{3.54}$$

其中，$\delta(\lambda_T,\beta)=1$，和

$$\tilde{f}(\lambda_T,\beta)=g_\Gamma\left(\beta;n-\gamma,\sum_{i=1}^{n}\ln\left(\frac{y}{t_i}\right)\right)g_\Gamma\left(\lambda_T\middle|\beta;n,\frac{y^\beta}{\beta T^{\beta-1}}\right) \tag{3.55}$$

以 $f_0(\lambda_T,\beta\mid t)$ 表示式(3.54)的右端项，则 $f_0(\lambda_T,\beta\mid t)$ 与 $f(\lambda_T,\beta\mid t)$ 之间只相差一个正则化因子。

假设存在 λ_T 和 β 的任意函数 $\eta(\lambda_T,\beta)$，则 $\eta(\lambda_T,\beta)$ 的后验数学期望为

$$\mathrm{E}_{\lambda_T,\beta|t}[\eta(\lambda_T,\beta)]=\frac{\int_0^\infty\int_0^\infty\eta(\lambda_T,\beta)f_0(\lambda_T,\beta\mid t)\mathrm{d}\beta\mathrm{d}\lambda_T}{\int_0^\infty\int_0^\infty f_0(\lambda_T,\beta\mid t)\mathrm{d}\beta\mathrm{d}\lambda_T} \tag{3.56}$$

对式(3.54)采用重要抽样法，就可以得到 λ_T 以及函数 $\eta(\lambda_T,\beta)$ 的各种贝叶斯后验分析，具体的重要抽样过程如下：

(1) 从 $\Gamma\left(n-\gamma,\sum_{i=1}^{n}\ln\frac{y}{t_i}\right)$ 分布中抽取 β_k；

(2) 在给定的 β_k 下，从 $\Gamma\left(n,\frac{y^{\beta_k}}{\beta_k T^{\beta_k-1}}\right)$ 分布中抽取 $\lambda_{T,k}$；

(3) 重复步骤(1)～(2) K 次，可以得到样本 $\{(\lambda_{T,k},\beta_k),k=1,\cdots,K\}$。

于是，式(3.56)的近似解可由式(3.57)得到。

$$E_{\lambda_T,\beta|t}[\eta(\lambda_T,\beta)]=\frac{\sum_{k=1}^{K}\eta(\lambda_{T,k},\beta_k)\delta(\lambda_{T,k},\beta_k)}{\sum_{k=1}^{K}\delta(\lambda_{T,k},\beta_k)} \tag{3.57}$$

这样，由式(3.57)可以得到在平方损失函数下 $\eta(\lambda_T,\beta)$ 的贝叶斯估计。

基于上述重要抽样样本$\{(\lambda_{T,k},\beta_k),k=1,\cdots,K\}$，同样利用 Chen 和 Shao 的方法[105]也可以得到 λ_T 和 $\eta(\lambda_T,\beta)$ 的可信区间，具体方法如下。

以 $\lambda_T^{(\xi)}$ 表示 λ_T 的 ξ 分位点，即 $\lambda_T^{(\xi)}=\inf\{\lambda_T:\Pi(\lambda_T\mid t)\geqslant\xi\}$，其中 $0<\xi<1$，$\Pi(\lambda_T\mid t)$ 是 λ_T 的边缘后验累积分布函数。如果令 $\eta_0(\lambda_T,\beta)=\begin{cases}1,\lambda_T\leqslant\lambda_T^*\\0,\lambda_T>\lambda_T^*\end{cases}$，对于给定的 λ_T^*，有 $\Pi(\lambda_T^*\mid t)=E_{\lambda_T,\beta|t}[\eta_0(\lambda_T,\beta)]$。将样本$\{(\lambda_{T,k},\beta_k),k=1,\cdots,K\}$按照 $\lambda_{T,(1)}<\cdots<\lambda_{T,(K)}$ 排序为$\{(\lambda_{T,(k)},\beta_{(k)}),k=1,\cdots,K\}$，并记权函数为

$$w_k=\frac{\delta(\lambda_{T,(k)},\beta_{(k)})}{\sum_{i=1}^{K}\delta(\lambda_{T,i},\beta_i)},k=1,\cdots,K \tag{3.58}$$

由式(3.57)可以得到 λ_T 的加权经验分布函数为

$$\hat{\Pi}\left(\lambda_T^*\,\middle|\,t\right)=\begin{cases}0,\lambda_T^*<\lambda_{T,(1)}\\ \sum_{j=1}^{i}w_j,\ \lambda_{T,(i)}\leqslant\lambda_T^*<\lambda_{T,(i+1)}\\ 1,\lambda_T^*\geqslant\lambda_{T,(K)}\end{cases} \tag{3.59}$$

因此，得到 $\lambda_T^{(\xi)}$ 的估计为

$$\hat{\lambda}_T^{(\xi)}=\begin{cases}\lambda_{T,(1)},\ \xi=0\\ \lambda_{T,(i)},\ \sum_{j=1}^{i-1}w_j<\xi\leqslant\sum_{j=1}^{i}w_j\end{cases} \tag{3.60}$$

若将式(3.60)中的 ξ 分别取为 $\alpha/2$ 和 $1-\alpha/2$，就可以得到 λ_T 的可信水平为 $1-\alpha$ 的贝叶斯可信区间，即

$$(\hat{\lambda}_T^{(\alpha/2)},\hat{\lambda}_T^{(1-\alpha/2)}) \tag{3.61}$$

而 λ_T 的可信水平为 $1-\alpha$ 的贝叶斯 HPD 区间为

$$(\hat{\lambda}_T{}^{(j^*/K)},\hat{\lambda}_T{}^{(\{j^*+[(1-\alpha)K]\}/K)}) \tag{3.62}$$

其中，j^* 满足

$$\hat{\lambda}_T{}^{(\{j^*+[(1-\alpha)K]\}/K)}-\hat{\lambda}_T{}^{(j^*/K)}=\min_{1\leqslant j\leqslant M-[(1-\alpha)M]}(\hat{\lambda}_T{}^{(\{j+[(1-\alpha)K]\}/K)}-\hat{\lambda}_T{}^{(j/K)}) \tag{3.63}$$

为了获得 $\eta(\lambda_T,\beta)$ 的贝叶斯 HPD 区间，将样本$\{\eta_k=\eta(\lambda_{T,k},\beta_k),k=1,\cdots,K\}$按照 $\eta_{(1)}<\cdots<\eta_{(K)}$ 排序为$\{\eta_{(k)},k=1,\cdots,K\}$，并把与 $\eta_{(k)}$ 相应的 w_k 记为 $w_{(k)}$，则 $\eta(\lambda_T,\beta)$ 的可信水平为 $1-\alpha$ 的贝叶斯 HPD 区间为

$$(\hat{\eta}^{(j^*/K)},\hat{\eta}^{(\{j^*+[(1-\alpha)K]\}/K)}) \tag{3.64}$$

其中，j^* 满足

$$\hat{\eta}^{(\{j^*+[(1-\alpha)K]\}/K)}-\hat{\eta}^{(j^*/K)}=\min_{1\leqslant j\leqslant K-[(1-\alpha)K]}(\hat{\eta}^{(\{j+[(1-\alpha)K]\}/K)}-\hat{\eta}^{(j/K)}) \tag{3.65}$$

而 $\hat{\eta}^{(\xi)}$ 则由

$$\hat{\eta}^{(\xi)}=\begin{cases}\eta_{(1)},\ \xi=0\\ \eta_{(i)},\ \sum\limits_{j=1}^{i-1}w_{(k)}<\xi\leqslant\sum\limits_{j=1}^{i}w_{(k)}\end{cases}\tag{3.66}$$

确定。

3.2.3　算例分析

1. 数值模拟算例

针对 PLP 模型在未来某一时刻 T 处的强度函数值，本章基于 MCMC 方法给出了两种贝叶斯预测分析方法。为了说明这两种方法的可行性和合理性，我们以 $\theta=1.1$ 和 $\beta=0.56$ 的 PLP 模型所产生的模拟样本为例，分两种情况讨论：情况 1，当 $y=1\ 200$ h(大样本)时，预测在 $T=1\ 300$ h 处的失效率 λ_T 和 MTBF；情况 2，当 $y=200$ h(小样本)时，预测在 $T=300$ h 处的失效率 λ_T 和 MTBF。在这两种情况下，分别利用 500 组模拟样本来验证。

(1)λ_T 的预测

利用 $\theta=1.1$ 和 $\beta=0.56$ 计算出在情况 1 下的 λ_T 为 0.022 6，在情况 2 下的 λ_T 为 0.043 2，下面都将以此结果为真值并作为对比的基础。

T 时 λ_T 的 MLE 为 $\hat{\lambda}_T=\dfrac{\hat{\beta}}{\hat{\theta}}\left(\dfrac{T}{\hat{\theta}}\right)^{\hat{\beta}-1}$，由此计算出在情况 1 下 λ_T 的 MLE 的平均值为 0.023 2，相对均方误差为 0.043 6；在情况 2 下 λ_T 的 MLE 的平均值为 0.048 9，相对均方误差为 0.193。在平方损失函数下，当无信息先验式(3.4) 中 γ 取不同值时，利用两种方法可计算出两种情况下 λ_T 的贝叶斯估计值的平均值和相对均方误差，具体结果见表 3.4，表 3.4 中括号里的数据表示估计值的相对均方误差。从表 3.4 可以看出，与 MLE 的结果相比，当 γ 较小时，在两种情况下两种方法所得 λ_T 的贝叶斯估计及其相对均方误差都较小，且随着 γ 值的增大，两种方法所得结果的误差也在增大。对比表 3.4 中两种方法所得结果，发现在给定 γ 值时的各种情况下，G－M 方法的结果都比重要抽样法的结果误差稍小一些。

表 3.4　λ_T 的贝叶斯估计的平均值和相对均方误差

γ	情况 1		情况 2	
	G－M 方法	重要抽样法	G－M 方法	重要抽样法
$\gamma=0$	0.023 2 (0.042 6)	0.023 3 (0.043 7)	0.048 5 (0.169)	0.049 7 (0.206)
$\gamma=1$	0.022 8 (0.041 3)	0.022 8 (0.042 0)	0.045 4 (0.142)	0.046 4 (0.169)
$\gamma=5$	0.020 8 (0.044 3)	0.020 9 (0.044 5)	0.034 1 (0.144)	0.033 9 (0.153)

表 3.5 和表 3.6 中分别列出了在两种情况下，不同 γ 值、不同可信水平下 λ_T 的贝叶斯区间覆盖率(贝叶斯区间包含真值的概率) 和平均区间长度(括号中数据)。表中的单侧可信区间的覆盖率，是指具有可信上限的单侧贝叶斯可信区间的覆盖率。因为在满足给定可信水平下的单侧可信区间有且只有一个，也就不存在区间长度最短的区间，故在讨论单侧可信区间的时候必须放弃 HPD 准则。对比表 3.5(或表 3.6) 中单侧可信区间的覆盖率，发现在给定 γ 值及同一可

信水平下，情况 1(或情况 2) 中 G－M 方法和重要抽样法的结果差不多，二者的区间覆盖率相差仅为0.002～0.008。对比表3.5(或表3.6) 中的双侧贝叶斯可信区间，可以看出情况1(或情况 2) 在给定 γ 值及同一可信水平下，G－M 方法所得区间的平均区间长度都比重要抽样法所得区间的平均区间长度要短，尤其是在情况 2 中 G－M 方法所得区间的精度较高。对比表3.5(或表3.6) 中的贝叶斯可信区间与 HPD 可信区间，可以发现在给定 γ 值及同一可信水平下，无论是G－M方法还是重要抽样法，所得的HPD区间长度都比贝叶斯可信区间长度要短，这也体现出了 HPD 区间的特性。对比表 3.5(或表 3.6) 中的 HPD 区间，发现重要抽样法所得区间的覆盖率与 G－M 方法所得区间的覆盖率相差不大，但前者的区间平均长度要比后者的长一些。此外，从表3.5(或表3.6) 还可以看出在同一情况、同一种方法、同一可信水平下，单侧可信区间、贝叶斯可信区间以及 HPD区间的区间覆盖率和平均区间长度都随着 γ 值的增大而减小。

表 3.5　情况 1 下 λ_T 的贝叶斯区间覆盖率和平均区间长度

γ	可信水平	G－M方法			重要抽样法		
		单侧可信区间	贝叶斯可信区间	HPD区间	单侧可信区间	贝叶斯可信区间	HPD区间
$\gamma=0$	0.95	0.942	0.968 (0.018 5)	0.946 (0.018 1)	0.946	0.960 (0.018 6)	0.946 (0.018 3)
	0.85	0.832	0.860 (0.013 5)	0.836 (0.013 2)	0.834	0.858 (0.013 6)	0.842 (0.013 3)
	0.75	0.740	0.744 (0.010 8)	0.756 (0.010 6)	0.738	0.740 (0.010 8)	0.758 (0.010 6)
$\gamma=1$	0.95	0.930	0.948 (0.018 2)	0.936 (0.017 9)	0.928	0.952 (0.018 3)	0.934 (0.018 0)
	0.85	0.804	0.842 (0.013 3)	0.832 (0.013 0)	0.810	0.838 (0.013 3)	0.828 (0.013 1)
	0.75	0.714	0.758 (0.010 6)	0.736 (0.010 4)	0.716	0.752 (0.010 6)	0.738 (0.010 5)
$\gamma=5$	0.95	0.844	0.900 (0.017 0)	0.868 (0.016 7)	0.842	0.902 (0.017 1)	0.870 (0.016 8)
	0.85	0.692	0.778 (0.012 4)	0.728 (0.012 2)	0.696	0.780 (0.012 5)	0.732 (0.012 2)
	0.75	0.576	0.688 (0.009 9)	0.648 (0.009 7)	0.572	0.690 (0.009 9)	0.660 (0.009 8)

表 3.6　情况 2 下 λ_T 的贝叶斯区间覆盖率和平均区间长度

γ	可信水平	G-M 方法			重要抽样法		
		单侧可信区间	贝叶斯可信区间	HPD 区间	单侧可信区间	贝叶斯可信区间	HPD 区间
$\gamma=0$	0.95	0.964	0.950 (0.069 2)	0.960 (0.065 5)	0.966	0.944 (0.073 4)	0.964 (0.069 3)
	0.85	0.872	0.876 (0.049 5)	0.874 (0.046 8)	0.878	0.866 (0.052 1)	0.872 (0.049 1)
	0.75	0.766	0.774 (0.039 1)	0.764 (0.036 9)	0.774	0.760 (0.041 1)	0.766 (0.038 7)
$\gamma=1$	0.95	0.942	0.952 (0.065 6)	0.946 (0.062 0)	0.942	0.950 (0.069 0)	0.952 (0.065 1)
	0.85	0.816	0.868 (0.046 9)	0.828 (0.044 2)	0.820	0.866 (0.049 0)	0.832 (0.046 2)
	0.75	0.696	0.756 (0.037 0)	0.718 (0.034 9)	0.692	0.762 (0.038 6)	0.722 (0.036 3)
$\gamma=5$	0.95	0.742	0.842 (0.052 0)	0.770 (0.048 7)	0.736	0.836 (0.052 7)	0.770 (0.049 5)
	0.85	0.508	0.672 (0.036 9)	0.564 (0.034 5)	0.514	0.668 (0.037 4)	0.570 (0.035 0)
	0.75	0.382	0.536 (0.029 1)	0.440 (0.027 1)	0.382	0.534 (0.029 4)	0.440 (0.027 6)

(2)MTBF 的预测

利用 $\theta=1.1$ 和 $\beta=0.56$ 计算出在情况 1 下的 MTBF 为 44.171 h，在情况 2 下的 MTBF 为 23.171 h，下面也以此结果为真值并作为对比的基础。

T 时 MTBF 的 MLE 为 $1/\hat{\lambda}_T$，由此计算出在情况 1 下 MTBF 的 MLE 的平均值为44.851 h，相对均方误差为 0.045 4；在情况 2 下 MTBF 的 MLE 的平均值为 23.405 h，相对均方误差为 0.159。表 3.7 列出了在平方损失函数下两种方法所得 MTBF 的贝叶斯估计值的平均值和相对均方误差(括号中数据)。从表 3.7 可以看出，在各种情况下两种方法所得 MTBF 的贝叶斯估计值的平均值和相对均方误差都比 MLE 的结果要大，且随着 γ 值的增加，这种误差也在增大，尤其是情况 2 对 γ 的取值更为敏感。在各种情况下对比两种方法的结果，发现在给定 γ 值时 G-M 方法的结果都比重要抽样法的结果误差小一些。

表 3.7　MTBF 的贝叶斯估计的平均值和相对均方误差

γ	情况 1		情况 2	
	G-M 方法	重要抽样法	G-M 方法	重要抽样法
$\gamma=0$	46.837 (0.054 4)	46.812 (0.055 0)	27.105 (0.257)	26.902 (0.267)
$\gamma=1$	47.885 (0.061 6)	47.868 (0.062 0)	29.262 (0.357)	29.167 (0.377)
$\gamma=5$	52.616 (0.110 4)	52.609 (0.110 4)	40.551 (1.199)	44.123 (2.968)

表3.8和表3.9中分别列出了两种情况在不同γ值和不同可信水平下MTBF的贝叶斯区间覆盖率和平均区间长度(括号中数据),其中的单侧可信区间的覆盖率,是指具有可信下限的单侧贝叶斯可信区间的覆盖率。对比表3.5和表3.8(或表3.6和表3.9)中同一方法下的单侧可信区间,发现λ_T与MTBF有相同的区间覆盖率,对贝叶斯可信区间也有同样结论。在表3.8(或表3.9)中,发现双侧贝叶斯可信区间与HPD区间之间,或两种方法下的HPD区间之间,与λ_T有类似的结论。同样地,从表3.8和表3.9也发现在同一情况、同一种方法、同一可信水平下,HPD区间的区间覆盖率和平均区间长度都随着γ值的增大而减小,只是减小的程度不如λ_T减小的程度大而已。

表3.8　情况1下MTBF的贝叶斯区间覆盖率和平均区间长度

γ	可信水平	G-M方法			重要抽样法		
		单侧可信区间	贝叶斯可信区间	HPD区间	单侧可信区间	贝叶斯可信区间	HPD区间
$\gamma=0$	0.95	0.942	0.968 (38.799)	0.970 (37.539)	0.946	0.960 (38.871)	0.974 (37.746)
	0.85	0.832	0.860 (27.943)	0.878 (27.053)	0.834	0.858 (28.008)	0.876 (27.189)
	0.75	0.740	0.744 (22.178)	0.758 (21.444)	0.738	0.740 (22.199)	0.762 (21.545)
$\gamma=1$	0.95	0.930	0.948 (39.905)	0.974 (38.586)	0.928	0.952 (39.977)	0.974 (38.811)
	0.85	0.804	0.842 (28.733)	0.886 (27.789)	0.810	0.838 (28.786)	0.878 (27.940)
	0.75	0.714	0.758 (22.764)	0.754 (22.012)	0.716	0.752 (22.815)	0.760 (22.142)
$\gamma=5$	0.95	0.844	0.900 (44.893)	0.934 (43.392)	0.842	0.902 (45.026)	0.936 (43.635)
	0.85	0.692	0.778 (32.378)	0.834 (31.268)	0.696	0.780 (32.386)	0.836 (31.387)
	0.75	0.576	0.688 (25.665)	0.748 (24.767)	0.572	0.690 (25.659)	0.742 (24.858)

通过对上述具有真值的数值算例进行分析,进一步验证了本节两种方法的有效性。综合对比后可发现两种方法各有特点:G-M方法在计算精度上略优于重要抽样法,之所以出现这种结果,是由于两种方法所产生样本的性质不同,G-M方法产生的样本是直接来自联合后验密度$f(\lambda_T,\beta\mid \boldsymbol{t})$的MCMC样本,而重要抽样法是将与$(\lambda_T,\beta)$有关的另一联合分布作为重要抽样

密度函数并对其抽样；重要抽样法则在计算量上大大优于 G－M 方法，因为重要抽样法避免了双重 Markov 链的抽样过程，节约了抽样的时间。因此，在一定的精度条件下，重要抽样法要比 G－M 方法简单、快捷。

表 3.9　情况 2 下 MTBF 的贝叶斯区间覆盖率和平均区间长度

γ	可信水平	G－M 方法			重要抽样法		
		单侧可信区间	贝叶斯可信区间	HPD 区间	单侧可信区间	贝叶斯可信区间	HPD 区间
$\gamma=0$	0.95	0.964	0.950 (42.606)	0.954 (38.961)	0.966	0.944 (42.998)	0.952 (39.408)
	0.85	0.872	0.876 (29.493)	0.846 (26.885)	0.878	0.866 (29.680)	0.840 (27.125)
	0.75	0.766	0.774 (22.978)	0.752 (20.898)	0.774	0.760 (23.103)	0.740 (21.085)
$\gamma=1$	0.95	0.942	0.952 (46.773)	0.966 (42.676)	0.942	0.950 (47.463)	0.958 (43.380)
	0.85	0.816	0.868 (32.305)	0.888 (29.384)	0.820	0.866 (32.686)	0.876 (29.767)
	0.75	0.696	0.756 (25.160)	0.782 (22.838)	0.692	0.762 (25.417)	0.782 (23.110)
$\gamma=5$	0.95	0.742	0.842 (66.127)	0.950 (60.598)	0.736	0.836 (82.926)	0.960 (72.984)
	0.85	0.508	0.672 (46.057)	0.820 (42.130)	0.514	0.668 (55.138)	0.850 (48.516)
	0.75	0.382	0.536 (36.055)	0.708 (32.858)	0.382	0.534 (42.310)	0.732 (37.170)

此外，综合上述分析还可以看出无信息先验式(3.4)中 γ 取值对 PLP 模型未来强度的贝叶斯预测分析所产生的影响，因此对于 γ 的取值，建议在满足 $\gamma<n$ 的条件下不宜太大，尤其是在小样本情况下，γ 的取值最好为 0 或 1。

2. 实例

某一雷达在时间(0,160]h 内共发生了 8 次故障，具体的故障时间[74,108-109]为 1 h，2 h，4 h，8 h，27 h，40 h，82 h，119 h。文献[74]中指出，这些数据已经通过了拟合优度检验[108]和 PLP 模型的检验[109]。这里分两种情况来讨论：

情况 1，假若试验在 $y=82$ h 处截尾，即在试验中只观测到了前 7 次故障时间，预测雷达在 $T=160$ h 处的失效率(未来强度)；

情况 2，试验在 $y=160$ h 处截尾，试验中观测到了全部故障时间，预测雷达在 $T=160$ h 处的失效率(当前强度)。

在两种情况下分别可以计算出雷达失效率 λ_T 的 MLE，以及 G－M 方法和重要抽样法所得 λ_T 的贝叶斯估计值、可信水平为 0.90 的单侧可信上限、贝叶斯可信区间和 HPD 可信区间，见表 3.10 和表 3.11。此外，为了说明本节两种方法的有效性，在两种情况下还分别给出了利用式(3.42) 所得 λ_T 的传统贝叶斯估计值，以及利用式(3.46) 所得 λ_T 的可信水平为 0.90 的单侧可信上限。从表 3.10 和表 3.11 中可以看出，本节两种方法的结果与 MLE 较类似，尤其在 $\gamma = 0$ 时。此外，对比传统贝叶斯方法与本节两种方法所得的贝叶斯估计和单侧可信区间，可发现估计结果相差都不大，无论是贝叶斯估计还是区间估计，本节两种方法的结果也都比较接近。

表 3.10　λ_T 的 MLE 和贝叶斯估计值

γ	情况 1				情况 2			
	MLE	式(3.42)	G－M 方法	重要抽样法	MLE	式(3.42)	G－M 方法	重要抽样法
$\gamma = 0$	0.027 18	0.028 69	0.028 74	0.028 65	0.019 73	0.019 74	0.019 91	0.019 70
$\gamma = 1$		0.023 53	0.024 05	0.023 50		0.017 28	0.017 76	0.017 19

此外，从本例还可以看出，情况 2 为 $T = y$ 的特殊情形，这也进一步说明了本节的方法同样适用于当前强度的贝叶斯预测分析，且具有一定的精度。

表 3.11　λ_T 的可信水平为 0.90 的贝叶斯区间和 HPD 区间

方法	情况	γ	式(3.46)	单侧可信上限	贝叶斯可信区间	HPD 区间
G－M 方法	1	$\gamma = 0$	0.052 58	0.052 52	(0.008 6，0.065 8)	(0.004 6，0.053 3)
		$\gamma = 1$	0.043 70	0.043 94	(0.007 1，0.053 9)	(0.004 1，0.044 7)
	2	$\gamma = 0$	0.033 12	0.033 20	(0.007 5，0.039 1)	(0.005 4，0.034 4)
		$\gamma = 1$	0.029 40	0.029 74	(0.006 5，0.035 2)	(0.004 5，0.030 6)
重要抽样法	1	$\gamma = 0$	0.052 58	0.052 33	(0.008 0，0.065 4)	(0.004 4，0.053 3)
		$\gamma = 1$	0.043 70	0.043 77	(0.006 2，0.054 0)	(0.003 2，0.044 6)
	2	$\gamma = 0$	0.033 12	0.033 10	(0.007 2，0.039 0)	(0.005 0，0.034 2)
		$\gamma = 1$	0.029 40	0.029 18	(0.006 0，0.034 8)	(0.003 9，0.030 1)

3.2.4　小结

在 PLP 模型的强度函数的贝叶斯预测分析中，复杂的后验分布致使强度函数及其函数的贝叶斯估计和区间分析的形式也非常复杂，进而制约了传统贝叶斯预测分析方法的应用。为了简化复杂的贝叶斯后验分析，本节引入了目前在贝叶斯分析中普遍使用的 MCMC 方法，利用 G－M 方法或重要抽样法所产生的 MCMC 样本，简单、快捷地给出 PLP 模型中强度函数值(当前强度和未来强度) 及其函数值(如 MTBF) 的贝叶斯预测分析方法。本节给出的方法简单且易于实施，具有明显的优越性，具体算例的对比分析充分证明了这一点。本节的贝叶斯分析是在多种无信息先验下进行的，对于无信息先验的选取，本节也给出了一些建议以供参考。

由于G-M方法和重要抽样法可以大大简化无信息先验下PLP模型强度函数及其函数的贝叶斯预测分析，因此，同样可以将这两种方法应用于信息先验下PLP模型的贝叶斯分析之中，关于这方面的分析方法还有待继续研究。

3.3　本章小结

本章在无信息先验下对可修系统基于PLP模型的贝叶斯分析及其预测分析方法进行了深入而细致的研究。与可修系统基于PLP模型的传统贝叶斯方法和预测分析方法相比，本章所讨论的方法简单易行且不会降低计算精度，可以大大简化无信息先验下可修系统基于PLP模型的贝叶斯分析及其预测分析。文中具体算例的分析充分证明了所提方法的可行性、合理性与有效性，说明本章的方法具有一定的优越性。

第4章 Gamma 信息先验下基于 PLP 的可修系统贝叶斯可靠性分析方法

针对基于 PLP 模型开展的可修系统贝叶斯可靠性分析已较多，其中多数是基于 PLP 模型参数(θ,β)的无信息先验，也有文献是基于参数(θ,β)的信息先验对 PLP 模型进行贝叶斯分析的。关于 PLP 模型参数信息先验的选择是比较多样化的，如在预定时间 T 内的平均失效次数 $\Lambda(T)$的一种合理信息先验是 Gamma 分布[72]，参数 β 的信息先验可以是均匀分布[72]、Beta 分布[82]、广义 Beta 分布[90]、Gamma 分布[85,110]等。因此，可以将 $\Lambda(T)$与 β 的信息先验联合起来构成 PLP 模型参数(θ,β)的一类信息先验[47,83]，也可以将这些信息先验与参数的无信息先验组合起来共同构成(θ,β)的先验[72,82]。考虑到无信息先验下 $\Lambda(T)$和 β 的后验分布都是 Gamma 分布[40,78]，故可将 $\Lambda(T)$和 β 的信息先验都选为 Gamma 分布。在此 Gamma 信息先验下，若可靠性试验截尾时间 y 与 T 相同时，$\Lambda(T)$和 β 的后验分布之间相互独立且与先验分布是共轭分布，与此对应的后验分析也非常简单；然而工程中关于 $\Lambda(T)$的信息多是在 T 与 y 不同时获取的，此时 PLP 模型的后验分析就会复杂得多。因此，不论是在无信息先验还是信息先验下，PLP 模型的贝叶斯分析都存在一个共同的问题，就是参数 θ 或 β 的后验分布多是一些复杂形式的积分且无解析解，因而加大了与参数(θ,β)相关的一些后续可靠性评估难度。于是，MCMC 方法[40,47,78,83]和一些密度函数的抽样方法[40,47,97-98]被引入 PLP 模型的贝叶斯分析中，用以简化复杂的后验分析。这些方法虽不复杂但也并不简单，甚至会出现几种方法混合使用的情况(如第3章中所介绍的部分方法)。对于 Gamma 信息先验下基于 PLP 模型的可修系统贝叶斯可靠性分析，文献[85,110]采用矩等效方法将 $\Lambda(T)$的先验转换为 $\Lambda(y)$的先验，并给出了一种近似分析方法，而本章则将给出一种简单有效的可修系统贝叶斯可靠性分析及其预测分析方法。

本章首先基于重要抽样法给出 PLP 模型某些关键参数的贝叶斯分析方法，然后利用所得关键参数的重要抽样样本和二重积分换元公式，对工程中所感兴趣参数(θ,β)的函数以及单、双样预测问题给出了贝叶斯分析方法。

4.1 PLP 模型参数的贝叶斯分析

给定时刻 $T(T\leqslant y)$，则可修系统在时间段$(0,T]$内的平均失效次数为

$$\Lambda_T=\left(\frac{T}{\theta}\right)^{\beta} \tag{4.1}$$

若取 Λ_T 和 β 的先验分别为 Gamma 信息先验[47,72,85,110]，即

$$\pi(\Lambda_T)=\frac{b^a}{\Gamma(a)}\Lambda_T^{a-1}\exp\{-b\Lambda_T\},\Lambda_T>0 \tag{4.2}$$

$$\pi(\beta)=\frac{\mathrm{d}^c}{\Gamma(c)}\beta^{c-1}\exp\{-\mathrm{d}\beta\},\beta>0 \tag{4.3}$$

由式(4.2)可以得到参数 θ 的条件分布[72]为

$$\pi(\theta|\beta)=\frac{1}{\Gamma(a)}\beta b^a T^{\beta a}\theta^{-\beta a-1}\exp\left\{-b\left(\frac{T}{\theta}\right)^{\beta}\right\} \tag{4.4}$$

因此，将式(2.7)、式(4.3)和式(4.4)应用贝叶斯公式可得到 PLP 模型参数(θ,β)的联合后验概率密度函数为

$$\begin{aligned}\pi(\theta,\beta|\boldsymbol{t})&\propto l(\boldsymbol{t}|\theta,\beta)\pi(\theta|\beta)\pi(\beta)\\&\propto\beta^{n+c}T^{\beta a}\theta^{-\beta n-\beta a-1}\left(\prod_{i=1}^{n}t_i^{\beta}\right)\exp\left\{-\mathrm{d}\beta-b\left(\frac{T}{\theta}\right)^{\beta}-\left(\frac{y}{\theta}\right)^{\beta}\right\}\end{aligned} \tag{4.5}$$

由(θ,β)到(Λ_y,β)的雅可比行列式为

$$J=-y\beta^{-1}\Lambda_y{}^{-1-\frac{1}{\beta}} \tag{4.6}$$

利用式(4.5)和式(4.6)可以得到(Λ_y,β)的联合后验概率密度函数

$$\begin{aligned}\pi(\Lambda_y,\beta|\boldsymbol{t})\propto&\Lambda_y{}^{n+a-1}\exp\left\{-\Lambda_y\left[1+b\left(\frac{T}{y}\right)^{\beta}\right]\right\}\beta^{n+c-1}\cdot\\&\exp\left\{-\beta d-\beta a\ln\left(\frac{y}{T}\right)-\beta\sum_{i=1}^{n}\ln\left(\frac{y}{t_i}\right)\right\}\end{aligned} \tag{4.7}$$

将式(4.7)改写[106-107]为

$$\begin{aligned}\pi(\Lambda_y,\beta|\boldsymbol{t})\propto&g_\Gamma\left(\Lambda_y;n+a,1+b\left(\frac{T}{y}\right)^{\beta}\right)\cdot\\&g_\Gamma\left(\beta;n+c,d+a\ln\left(\frac{y}{T}\right)+\sum_{i=1}^{n}\ln\left(\frac{y}{t_i}\right)\right)\delta(\Lambda_y,\beta)\end{aligned} \tag{4.8}$$

其中，$\delta(\Lambda_y,\beta)=\left[1+b\left(\frac{T}{y}\right)^{\beta}\right]^{-(n+a)}$。以 $\pi_0(\Lambda_y,\beta|\boldsymbol{t})$表示式(4.8)的右端项，则 $\pi_0(\Lambda_y,\beta|\boldsymbol{t})$与 $\pi(\Lambda_y,\beta|\boldsymbol{t})$之间只相差一个正则化因子。若 $T=y$，由式(4.8)可以看出 $\Lambda(y)$与 β 的后验分布之间相互独立，且与先验分布是共轭的[47,85,110]。

假设 $\eta(\Lambda_y,\beta)$为 Λ_y 和 β 的函数，则 $\eta(\Lambda_y,\beta)$的后验数学期望为

$$\mathrm{E}_{\Lambda_y,\beta|\boldsymbol{t}}[\eta(\Lambda_y,\beta)]=\frac{\int_0^{\infty}\int_0^{\infty}\eta(\Lambda_y,\beta)\pi_0(\Lambda_y,\beta\mid\boldsymbol{t})\mathrm{d}\Lambda_y\mathrm{d}\beta}{\int_0^{\infty}\int_0^{\infty}\pi_0(\Lambda_y,\beta\mid\boldsymbol{t})\mathrm{d}\Lambda_y\mathrm{d}\beta} \tag{4.9}$$

由于式(4.8)所表示的概率密度函数较复杂，故无法得知式(4.9)的解析解。但基于式(4.8)，利用重要抽样法可以得到其近似解，具体过程如下：

(1)从 $\Gamma\left(n+c,\mathrm{d}+a\ln\left(\frac{y}{T}\right)+\sum_{i=1}^{n}\ln\left(\frac{y}{t_i}\right)\right)$分布中抽取 β_i；

(2)在给定的 β_i 下，从 $\Gamma\left(n+a,1+b\left(\frac{T}{y}\right)^{\beta_i}\right)$分布中抽取 $\Lambda_{y,i}$；

(3)重复步骤(1)~(2)m 次,得到样本$\{(\Lambda_{y,i},\beta_i),i=1,\cdots,m\}$。

于是,式(4.9)的近似解可由下式得到:

$$E_{\Lambda_y,\beta|t}[\eta(\Lambda_y,\beta)]=\frac{\sum_{i=1}^{m}\eta(\Lambda_{y,i},\beta_i)\delta(\Lambda_{y,i},\beta_i)}{\sum_{i=1}^{m}\delta(\Lambda_{y,i},\beta_i)} \tag{4.10}$$

利用式(4.10)就可得到函数 $\eta(\Lambda_y,\beta)$在平方损失函数下的贝叶斯估计。

基于样本$\{(\Lambda_{y,i},\beta_i),i=1,\cdots,m\}$,利用 Chen 和 Shao 的方法[105]可以方便地获得参数 β 的贝叶斯可信域和 HPD 可信域,类似地还可以对 Λ_y 进行分析。

令 $\beta^{(\gamma)}$ 表示参数 β 的 γ 分位点,即 $\beta^{(\gamma)}=\inf\{\beta:\Pi(\beta|\boldsymbol{t})\geqslant\gamma\}$,其中 $0<\gamma<1$,$\Pi(\beta|\boldsymbol{t})$是 β 的边缘后验累积分布函数。如果令

$$\eta_0(\Lambda_y,\beta)=\begin{cases}1, & \beta\leqslant\beta^*\\ 0, & \beta>\beta^*\end{cases} \tag{4.11}$$

则对于给定的 β^*,有

$$\Pi(\beta^*|\boldsymbol{t})=E_{\Lambda_y,\beta|t}[\eta_0(\Lambda_y,\beta)]=\frac{\sum_{i=1}^{m}\eta_0(\Lambda_{y,i},\beta_i)\delta(\Lambda_{y,i},\beta_i)}{\sum_{i=1}^{m}\delta(\Lambda_{y,i},\beta_i)} \tag{4.12}$$

将样本$\{(\Lambda_{y,i},\beta_i),i=1,\cdots,m\}$按照由小到大的顺序 $\beta_{(1)}<\cdots<\beta_{(m)}$ 排序为$\{(\Lambda_{y,(i)},\beta_{(i)}),i=1,\cdots,m\}$,并记权函数为

$$w_i=\frac{\delta(\Lambda_{y,(i)},\beta_{(i)})}{\sum_{i=1}^{m}\delta(\Lambda_{y,(i)},\beta_{(i)})},\quad i=1,\cdots,m \tag{4.13}$$

于是,β 的加权经验分布函数为

$$\hat{\Pi}(\beta^*|\boldsymbol{t})=\begin{cases}0, & \beta^*<\beta_{(1)}\\ \sum_{j=1}^{i}w_j, & \beta_{(i)}\leqslant\beta^*<\beta_{(i+1)}\\ 1, & \beta^*\geqslant\beta_{(m)}\end{cases} \tag{4.14}$$

故 $\beta^{(\gamma)}$ 的估计为

$$\hat{\beta}^{(\gamma)}=\begin{cases}\beta_{(1)}, & \gamma=0\\ \beta_{(i)}, & \sum_{j=1}^{i-1}w_j<\gamma\leqslant\sum_{j=1}^{i}w_j\end{cases} \tag{4.15}$$

将式(4.15)中的 γ 分别取为 $\alpha/2$ 和 $1-\alpha/2$,就可以得到参数 β 的可信水平为 $1-\alpha$ 的贝叶斯可信区间为

$$(\hat{\beta}^{(\alpha/2)},\hat{\beta}^{(1-\alpha/2)}) \tag{4.16}$$

利用式(4.16)计算$(\hat{\beta}^{(j/m)},\hat{\beta}^{(\{j+[(1-\alpha)m]\}/m)})$,$j=1,\cdots,m-[(1-\alpha)m]$,则 β 的可信水平为 $1-\alpha$ 的贝叶斯 HPD 区间为

$$(\hat{\beta}^{(j^*/m)},\hat{\beta}^{(\{j^*+[(1-\alpha)m]\}/m)}) \tag{4.17}$$

其中，j^* 满足 $\hat{\beta}^{(\{j^*+[(1-\alpha)m]\}/m)}-\hat{\beta}^{(j^*/m)}=\min\limits_{1\leqslant j\leqslant m-[(1-\alpha)m]}(\hat{\beta}^{(\{j+[(1-\alpha)m]\}/m)}-\hat{\beta}^{(j/m)})$

4.2　PLP 模型参数的函数的后验分析

本节将基于 Gamma 信息先验，针对第 2 章中所提及的 PLP 模型参数的函数进行一些贝叶斯分析。

4.2.1　PLP 模型参数的一些函数

1. 强度函数

将可修系统在截尾时间 y 处的当前强度式(2.13)改写成

$$\lambda_y=\frac{\beta}{y}\Lambda_y \tag{4.18}$$

结合式(2.14)可知可修系统在此后时间段$(y,y+t_0]$内的当前系统可靠度为

$$R(t_0)=\exp\left(-\frac{\beta}{y}\Lambda_y\cdot t_0\right) \tag{4.19}$$

同样可将可修系统在未来某一时刻 $\tau(\tau>y)$处的未来强度式(2.15)改写成

$$\lambda_\tau=\frac{\beta}{\tau}\left(\frac{\tau}{y}\right)^\beta\Lambda_y \tag{4.20}$$

将式(4.18)与式(2.16)结合，式(4.20)与式(2.17)结合，还可以分别得到可修系统在时间 y 和 τ 处 MTBF 的改写形式。

2. 系统可靠度

将可修系统在时间段$(s_1,s_2]$内的系统可靠度 $R(s_1,s_2)$式(2.19)改写成

$$R(s_1,s_2)=\exp\left\{-\frac{(s_2{}^\beta-s_1{}^\beta)}{y^\beta}\Lambda_y\right\} \tag{4.21}$$

3. 期望失效次数

类似地，将可修系统在时间段$(s_1,s_2]$内的期望失效次数 $m(s_1,s_2)$式(2.20)改写为

$$m(s_1,s_2)=\frac{(s_2{}^\beta-s_1{}^\beta)}{y^\beta}\Lambda_y \tag{4.22}$$

从上述 PLP 模型参数(θ,β)的函数可以看出，利用参数(θ,β)与(Λ_y,β)之间的关系可以将这些量都改写成(Λ_y,β)的函数 $\eta(\Lambda_y,\beta)$。因此，关于 PLP 模型参数(θ,β)的函数的贝叶斯后验分析都可以转换为对函数 $\eta(\Lambda_y,\beta)$进行贝叶斯后验分析。

4.2.2 PLP 模型参数函数的后验分析

基于样本$\{(\Lambda_{y,i},\beta_i),i=1,\cdots,m\}$和权函数$\{w_i,i=1,\cdots,m\}$，利用 Chen 和 Shao 的方法[105]还可以对函数$\eta(\Lambda_y,\beta)$进行各种贝叶斯后验分析。

首先将样本$\{(\Lambda_{y,i},\beta_i),i=1,\cdots,m\}$代入函数$\eta(\Lambda_y,\beta)$，令

$$\eta_i=\eta(\Lambda_{y,i},\beta_i),\quad i=1,\cdots,m \tag{4.23}$$

将其按照由小到大的顺序$\eta_{(1)}<\cdots<\eta_{(m)}$排序为样本$\{\eta_{(i)},i=1,\cdots,m\}$，并把与$\eta_{(i)}$相对应的$w_i$记为$w_{(i)}$。于是，函数$\eta(\Lambda_y,\beta)$的加权经验分布函数为

$$\hat{\Pi}(\eta^*\mid t)=\begin{cases}0,\ \eta^*<\eta_{(1)}\\ \sum_{j=1}^{i}w_{(j)},\eta_{(i)}\leqslant\eta^*<\eta_{(i+1)}\\ 1,\ \eta^*\geqslant\eta_{(m)}\end{cases} \tag{4.24}$$

$\eta(\Lambda_y,\beta)$的γ分位点$\hat{\eta}^{(\gamma)}$的估计为

$$\hat{\eta}^{(\gamma)}=\begin{cases}\eta_{(1)},\ \gamma=0\\ \eta_{(i)},\ \sum_{j=1}^{i-1}w_{(j)}<\gamma\leqslant\sum_{j=1}^{i}w_{(j)}\end{cases} \tag{4.25}$$

将式(4.25)中的γ分别取为$\alpha/2$和$1-\alpha/2$，就可以得到$\eta(\Lambda_y,\beta)$的可信水平为$1-\alpha$的贝叶斯可信区间为

$$(\hat{\eta}^{(\alpha/2)},\hat{\eta}^{(1-\alpha/2)}) \tag{4.26}$$

而$\eta(\Lambda_y,\beta)$的可信水平为$1-\alpha$的贝叶斯 HPD 区间为

$$(\hat{\eta}^{(j^*/m)},\hat{\eta}^{(\{j^*+[(1-\alpha)m]\}/m)}) \tag{4.27}$$

其中j^*满足

$$\hat{\eta}^{(\{j^*+[(1-\alpha)m]\}/m)}-\hat{\eta}^{(j^*/m)}=\min_{1\leqslant j\leqslant m-[(1-\alpha)m]}(\hat{\eta}^{(\{j+[(1-\alpha)m]\}/m)}-\hat{\eta}^{(j/m)}) \tag{4.28}$$

因此，对于函数$\eta(\Lambda_y,\beta)$，式(4.10)给出了它的后验期望的估计值，式(4.24)则给出了其后验的经验分布，而式(4.26)和式(4.27)分别给出了它的贝叶斯可信区间和贝叶斯 HPD 区间。基于这些分析，就可以简单、快捷地对工程中所感兴趣 PLP 模型参数(θ,β)的函数展开分析。

4.3 PLP 模型参数的函数的后验均值的灵敏度分析

在Λ_T和β的 Gamma 信息先验中，a,b,c和d分别为超参数，当超参数$a=b=c=d=0$时，所对应的先验即为文献[40,47,78,83]中的无信息先验。工程中通常可以获得关于Λ_T和β先验矩(均值和变异系数)的一些信息，如专家经验、同型系统的失效信息、历史数据等。因此，利用均值E_{Λ_T}和E_β，以及变异系数(Coefficient of Variation，CV)CV_{Λ_T}和CV_β就可以确定

出各个超参数的取值如下：

$$a=\frac{1}{[CV_{\Lambda_T}]^2} \tag{4.29}$$

$$b=\frac{1}{[CV_{\Lambda_T}]^2 E_{\Lambda_T}} \tag{4.30}$$

$$c=\frac{1}{[CV_{\beta}]^2} \tag{4.31}$$

$$d=\frac{1}{[CV_{\beta}]^2 E_{\beta}} \tag{4.32}$$

如果能够获知 Λ_T 和 β 先验矩的变化对函数 $\eta(\Lambda_y,\beta)$ 的贝叶斯后验均值所产生的影响，将有助于先验矩的选择。为了研究 Gamma 信息先验中 Λ_T 和 β 先验矩的变化对 PLP 模型参数的函数 $\eta(\Lambda_y,\beta)$ 的贝叶斯后验均值所产生的影响，这里将由于 Λ_T 和 β 先验矩的变化所引起 PLP 模型参数的函数 $\eta(\Lambda_y,\beta)$ 的贝叶斯后验均值变化的比率定义为 PLP 模型参数的函数 $\eta(\Lambda_y,\beta)$ 的后验均值的灵敏度，其数学表达式为 $\dfrac{\partial E_{\Lambda_y,\beta|t}[\eta(\Lambda_y,\beta)]}{\partial\xi}$，其中 ξ 表示先验矩 E_{Λ_T}，CV_{Λ_T}，E_β 或 CV_β。结合式(4.9)可以得到

$$\frac{\partial E_{\Lambda_y,\beta|t}[\eta(\Lambda_y,\beta)]}{\partial\xi}=\frac{\partial}{\partial\xi}\left(\frac{\int_0^\infty\int_0^\infty \eta(\Lambda_y,\beta)\cdot\pi_0(\Lambda_y,\beta\mid t)\,\mathrm{d}\Lambda_y\mathrm{d}\beta}{\int_0^\infty\int_0^\infty \pi_0(\Lambda_y,\beta\mid t)\,\mathrm{d}\Lambda_y\mathrm{d}\beta}\right) \tag{4.33}$$

将 $\pi_0(\Lambda_y,\beta\mid t)$ 的表达式代入式(4.33)，并利用多元复合函数的求导法则，可以得到

$$\begin{aligned}\frac{\partial E_{\Lambda_y,\beta|t}[\eta(\Lambda_y,\beta)]}{\partial\xi}=&\frac{\frac{\partial}{\partial\xi}\left(\int_0^\infty\int_0^\infty \eta(\Lambda_y,\beta)\cdot\pi_0(\Lambda_y,\beta\mid t)\,\mathrm{d}\Lambda_y\mathrm{d}\beta\right)}{\int_0^\infty\int_0^\infty \pi_0(\Lambda_y,\beta\mid t)\,\mathrm{d}\Lambda_y\mathrm{d}\beta}-\\&\frac{\int_0^\infty\int_0^\infty \eta(\Lambda_y,\beta)\pi_0(\Lambda_y,\beta\mid t)\,\mathrm{d}\Lambda_y\mathrm{d}\beta}{\left[\int_0^\infty\int_0^\infty \pi_0(\Lambda_y,\beta\mid t)\,\mathrm{d}\Lambda_y\mathrm{d}\beta\right]^2}\frac{\partial}{\partial\xi}\left(\int_0^\infty\int_0^\infty \pi_0(\Lambda_y,\beta\mid t)\,\mathrm{d}\Lambda_y\mathrm{d}\beta\right)\end{aligned} \tag{4.34}$$

将式(4.34)化简和整理后可以依次得到函数 $\eta(\Lambda_y,\beta)$ 后验均值分别对先验矩 E_{Λ_T}，CV_{Λ_T}，E_β 或 CV_β 的灵敏度分析结果为

$$\begin{aligned}\frac{\partial E_{\Lambda_y,\beta|t}[\eta(\Lambda_y,\beta)]}{\partial E_{\Lambda_T}}=&E_{\Lambda_y,\beta|t}\left\{\eta(\Lambda_y,\beta)\frac{\Lambda_T\,(T/y)^\beta}{[CV_{\Lambda_T}E_{\Lambda_T}]^2}\right\}-\\&E_{\Lambda_y,\beta|t}[\eta(\Lambda_y,\beta)]\cdot E_{\Lambda_y,\beta|t}\left\{\frac{\Lambda_T\,(T/y)^\beta}{[CV_{\Lambda_T}E_{\Lambda_T}]^2}\right\}\end{aligned} \tag{4.35}$$

$$\begin{aligned}\frac{\partial E_{\Lambda_y,\beta|t}[\eta(\Lambda_y,\beta)]}{\partial CV_{\Lambda_T}}=&E_{\Lambda_y,\beta|t}\left\{\eta(\Lambda_y,\beta)\left(\frac{2\Lambda_T\,(T/y)^\beta}{[CV_{\Lambda_y}]^3E_{\Lambda_y}}-\frac{2[\ln\Lambda_y-\beta\ln(y/T)]}{[CV_{\Lambda_y}]^3}\right)\right\}-\\&E_{\Lambda_y,\beta|t}[\eta(\lambda_0,\beta)]E_{\Lambda_y,\beta|t}\left\{\frac{2\Lambda_T\,(T/y)^\beta}{[CV_{\Lambda_y}]^3E_{\Lambda_y}}-\frac{2[\ln\Lambda_y-\beta\ln(y/T)]}{[CV_{\Lambda_y}]^3}\right\}\end{aligned} \tag{4.36}$$

$$\frac{\partial E_{\Lambda_y,\beta|t}[\eta(\Lambda_y,\beta)]}{\partial E_\beta}=E_{\Lambda_y,\beta|t}\left\{\eta(\Lambda_y,\beta)\frac{\beta}{[CV_\beta E_\beta]^2}\right\}-$$

$$E_{\Lambda_y,\beta|t}[\eta(\Lambda_y,\beta)]\cdot E_{\Lambda_y,\beta|t}\left\{\frac{\beta}{[CV_\beta E_\beta]^2}\right\} \tag{4.37}$$

$$\frac{\partial E_{\Lambda_y,\beta|t}[\eta(\Lambda_y,\beta)]}{\partial CV_\beta}=E_{\Lambda_y,\beta|t}\left\{\eta(\Lambda_y,\beta)\left(\frac{2\beta}{[CV_\beta]^3E_\beta}-\frac{2\ln(\beta)}{[CV_\beta]^3}\right)\right\}-$$

$$E_{\Lambda_y,\beta|t}[\eta(\Lambda_y,\beta)]E_{\Lambda_y,\beta|t}\left\{\frac{2\beta}{[CV_\beta]^3E_\beta}-\frac{2\ln(\beta)}{[CV_\beta]^3}\right\} \tag{4.38}$$

将式(4.35)～式(4.38)结合式(4.10)，在给定先验矩 E_{Λ_T}，CV_{Λ_T}，E_β 和 CV_β 的一组取值下，可以得到灵敏度 $\frac{\partial E_{\Lambda_y,\beta|t}[\eta(\Lambda_y,\beta)]}{\partial\xi}$ 的具体结果。因此，在给定先验矩 E_{Λ_T}，CV_{Λ_T}，E_β 和 CV_β 的多组取值时，便可以得到灵敏度 $\frac{\partial E_{\Lambda_y,\beta|t}[\eta(\Lambda_y,\beta)]}{\partial\xi}$ 随各先验矩变化的函数关系。

4.4 可修系统的预测分析

本节将针对第 2 章中失效次数、失效时间的预测，在 Gamma 信息先验下分别给出可修系统在单、双样预测情况下的贝叶斯分析。

4.4.1 失效次数的预测

由式(2.21)和式(4.5)可知可修系统在时间段 $(s_1,s_2]$ 内的失效次数 $N(s_1,s_2)$ 的预测分布为

$$P\{N(s_1,s_2)=r|\boldsymbol{t}\}=\int_0^\infty\int_0^\infty P\{N(s_1,s_2)=r|\theta,\beta\}\pi(\theta,\beta|\boldsymbol{t})\mathrm{d}\theta\mathrm{d}\beta \tag{4.39}$$

考虑到二重积分存在着如下的换元公式

$$\iint_\Omega f(\theta,\beta)\mathrm{d}\theta\mathrm{d}\beta=\iint_{\tilde\Omega} f(\theta(\Lambda_y,\beta),\beta(\Lambda_y,\beta))\cdot|J|\mathrm{d}\Lambda_y\mathrm{d}\beta \tag{4.40}$$

其中，Ω 和 $\tilde\Omega$ 分别为换元前后的积分域。

利用式(4.40)可以将式(4.39)改写为

$$\begin{aligned}P\{N(s_1,s_2)=r|\boldsymbol{t}\}&=\int_0^\infty\int_0^\infty P\{N(s_1,s_2)=r|\theta(\Lambda_y,\beta),\beta(\Lambda_y,\beta)\}\cdot\pi(\Lambda_y,\beta|\boldsymbol{t})\mathrm{d}\Lambda_y\mathrm{d}\beta\\&=E_{\Lambda_y,\beta|t}[P\{N(s_1,s_2)=r|\theta(\Lambda_y,\beta),\beta(\Lambda_y,\beta)\}]\end{aligned} \tag{4.41}$$

结合式(4.10)可以得到式(4.41)的数值解为

$$P\{N(s_1,s_2)=r|\boldsymbol{t}\}=\frac{\sum_{i=1}^m P\{N(s_1,s_2)=r\mid\theta(\Lambda_{y,i},\beta_i),\beta(\Lambda_{y,i},\beta_i)\}\delta(\Lambda_{y,i},\beta_i)}{\sum_{i=1}^m\delta(\Lambda_{y,i},\beta_i)} \tag{4.42}$$

因此，对于可修系统在单、双样预测情况下失效次数的预测分布有如下结果。

1. 单样预测

所试验可修系统在时间段$(y,s_2]$内发生$N(y,s_2)=r(r=0,1,2,\cdots)$次失效的概率为

$$P\{N(y,s_2)=r|\boldsymbol{t}\}$$

$$=\frac{\sum_{i=1}^{m}\frac{\Lambda_{y,i}^{r}}{r!}\left[\left(\frac{s_2}{y}\right)^{\beta_i}-1\right]^{r}\exp\left\{-\left[\left(\frac{s_2}{y}\right)^{\beta_i}-1\right]\Lambda_{y,i}\right\}\delta(\Lambda_{y,i},\beta_i)}{\sum_{i=1}^{m}\delta(\Lambda_{y,i},\beta_i)} \tag{4.43}$$

2. 双样预测

同型可修系统在时间段$(0,s]$内发生$N(0,s)=r(r=0,1,2,\cdots)$次失效的概率为

$$P\{N(0,s)=r|\boldsymbol{t}\}=\frac{\sum_{i=1}^{m}\frac{1}{r!}\left[\left(\frac{s}{y}\right)^{\beta_i}\Lambda_{y,i}\right]^{r}\exp\left\{-\left(\frac{s}{y}\right)^{\beta_i}\Lambda_{y,i}\right\}\delta(\Lambda_{y,i},\beta_i)}{\sum_{i=1}^{m}\delta(\Lambda_{y,i},\beta_i)} \tag{4.44}$$

4.4.2　失效时间的预测

1. 单样预测

用与式(4.39)同样的方法，可以给出所试验可修系统在截尾时间y之后可能发生第$r(r=1,2,\cdots)$次失效的时间T_{n+r}的预测分布为

$$P\{T_{n+r}\leqslant\iota|\boldsymbol{t}\}=E_{\theta,\beta|\boldsymbol{t}}\left[G_{\Gamma}\left(\left(\frac{\iota}{\theta}\right)^{\beta}-\left(\frac{y}{\theta}\right)^{\beta};r,1\right)\right]$$

$$=E_{\Lambda_y,\beta|\boldsymbol{t}}\left[G_{\Gamma}\left(\Lambda_y\left[\left(\frac{\iota}{y}\right)^{\beta}-1\right];r,1\right)\right]$$

$$=\frac{\sum_{i=1}^{m}G_{\Gamma}\left(\Lambda_{y,i}\left[\left(\frac{\iota}{y}\right)^{\beta_i}-1\right];r,1\right)\delta(\Lambda_{y,i},\beta_i)}{\sum_{i=1}^{m}\delta(\Lambda_{y,i},\beta_i)} \tag{4.45}$$

特别地，当$r=1$时，式(4.45)简化为

$$P\{T_{n+1}\leqslant\iota\mid\boldsymbol{t}\}=\frac{\sum_{i=1}^{m}\left(1-\exp\left\{-\Lambda_{y,i}\left[\left(\frac{\iota}{y}\right)^{\beta_i}-1\right]\right\}\right)\delta(\Lambda_{y,i},\beta_i)}{\sum_{i=1}^{m}\delta(\Lambda_{y,i},\beta_i)} \tag{4.46}$$

此外，可修系统在未来发生第r次失效的间隔时间$Z_{n+r}=T_{n+r}-y$的预测分布为

$$P\{Z_{n+r}\leqslant z|\boldsymbol{t}\}=P\{T_{n+r}\leqslant z+y|\boldsymbol{t}\} \tag{4.47}$$

2. 双样预测

用与式(4.39)同样的方法，可以给出同型可修系统发生第$r(r=1,2,\cdots)$次失效的时间W_r的预测分布为

$$P\{W_r \leqslant w \mid \boldsymbol{t}\} = E_{\theta,\beta|t}\left[G_\Gamma\left(\left(\frac{w}{\theta}\right)^\beta;r,1\right)\right]$$
$$= E_{\Lambda_y,\beta|t}\left[G_\Gamma\left(\Lambda_y\left(\frac{w}{y}\right)^\beta;r,1\right)\right]$$
$$= \frac{\sum_{i=1}^{m} G_\Gamma\left(\Lambda_{y,i}\left(\frac{w}{y}\right)^{\beta_i};r,1\right)\delta(\Lambda_{y,i},\beta_i)}{\sum_{i=1}^{m}\delta(\Lambda_{y,i},\beta_i)} \tag{4.48}$$

4.5 算例分析

4.5.1 数值模拟算例

这里以 $\theta=1.1$ 和 $\beta=0.56$ 的 PLP 模型在 $y=200$ 时所产生的 500 组模拟样本来分析当 $T=100, y=200, \tau=300$ 时 PLP 模型的参数和强度函数。由 $\theta=1.1$ 和 $\beta=0.56$ 可以计算出 $y=200$ 和 $\tau=300$ 时的强度函数值 λ_y 和 λ_τ，见表 4.1，本节将以此为真值并作为对比的基础。

利用参数 θ 和 β 的 MLE 可以计算出强度值 λ_y 和 λ_τ 的 MLE，并将 β,λ_y 和 λ_τ 的 MLE 的平均值和相对均方误差（括号中数据）列于表 4.1。针对超参数 $a=b=c=d=0$ 时的无信息先验，利用模拟样本可以计算出 β,λ_y 和 λ_τ 在平方损失函数下的贝叶斯估计值的平均值和相对均方误差（括号中数据），可信水平为 0.90 的贝叶斯可信区间以及贝叶斯 HPD 区间的区间覆盖率（贝叶斯区间包含真值的概率）和平均区间长度（括号中数据），见表 4.1。对比 β（或 λ_y,λ_τ）的 MLE 和无信息先验下的贝叶斯估计，发现二者的结果相差不大。

表 4.1 MLE 和无信息先验下的贝叶斯分析结果

		β	λ_y	λ_τ
真值		0.560	0.051 6	0.043 2
MLE		0.606(0.077)	0.056 5(0.129)	0.049 7(0.206)
贝叶斯后验分析结果	贝叶斯估计	0.606(0.077)	0.056 5(0.129)	0.049 7(0.206)
	贝叶斯可信区间	0.916(0.468)	0.918(0.060)	0.914(0.060)
	HPD 区间	0.910(0.460)	0.902(0.058)	0.914(0.057)

当式(4.2)和式(4.3)中的超参数均不为 0 时即为 Gamma 信息先验，Gamma 信息先验中的超参数可由 Λ_T 和 β 的先验矩（均值和变异系数）来共同确定。为了研究先验矩对贝叶斯后验分析所产生的影响，这里以 $E_{\Lambda_T}=12.5, CV_{\Lambda_T}=0.3, E_\beta=0.56$ 和 $CV_\beta=0.15$ 为基础，对 β,λ_y 和 λ_τ 的后验均值的灵敏度进行分析。利用 4.3 节中的灵敏度分析方法，可以得到 $E_{\Lambda_y,\beta|t}(\beta)$，

$\boldsymbol{E}_{\Lambda_y,\beta|t}(\lambda_y)$和 $E_{\Lambda_y,\beta|t}(\lambda_\tau)$的灵敏度随先验矩变化的曲线关系。

针对模拟样本，图 4.1～图 4.24 依次给出了 β,λ_y 和 λ_τ 的后验均值的平均值及其灵敏度分别随先验矩 E_{Λ_T},CV_{Λ_T},E_β 和 CV_β 变化的曲线。

从图 4.2 可以看出，$\dfrac{\partial E_{\Lambda_y,\beta|t}(\beta)}{\partial E_{\Lambda_T}}<0$，且$\dfrac{\partial E_{\Lambda_y,\beta|t}(\beta)}{\partial E_{\Lambda_T}}$的平均值随 E_{Λ_T} 的增大而增大，由此变化趋势可以看出 $E_{\Lambda_y,\beta|t}(\beta)$的平均值将随 E_{Λ_T} 的增大而逐渐平滑地减小，如图 4.1 所示；从图 4.4 和图 4.6 可以看出$\dfrac{\partial E_{\Lambda_y,\beta|t}(\lambda_y)}{\partial E_{\Lambda_T}}>0$ 和$\dfrac{\partial E_{\Lambda_y,\beta|t}(\lambda_\tau)}{\partial E_{\Lambda_T}}>0$，且$\dfrac{\partial E_{\Lambda_y,\beta|t}(\lambda_y)}{\partial E_{\Lambda_T}}$和$\dfrac{\partial E_{\Lambda_y,\beta|t}(\lambda_\tau)}{\partial E_{\Lambda_T}}$的平均值都会随 E_{Λ_T} 的增大而减小，由此变化趋势则可以看出 $E_{\Lambda_y,\beta|t}(\lambda_y)$和 $E_{\Lambda_y,\beta|t}(\lambda_\tau)$的平均值都将随 E_{Λ_T} 的增呈现平稳的增大趋势，如图 4.3 和图 4.5 所示。

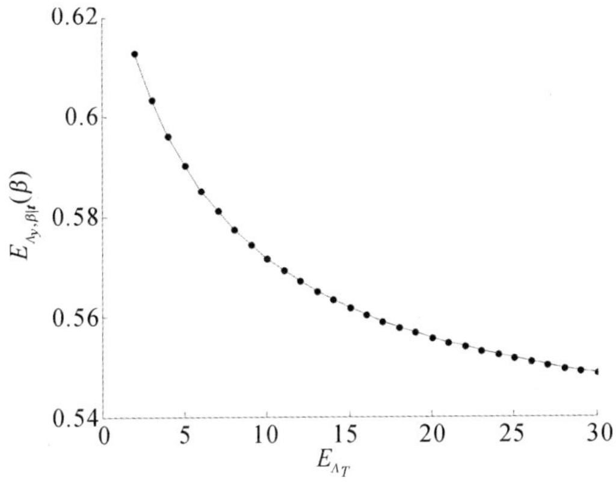

图 4.1　$\boldsymbol{E}_{\Lambda_y,\beta|t}(\boldsymbol{\beta})$随 $\boldsymbol{E}_{\Lambda_T}$ 变化的曲线

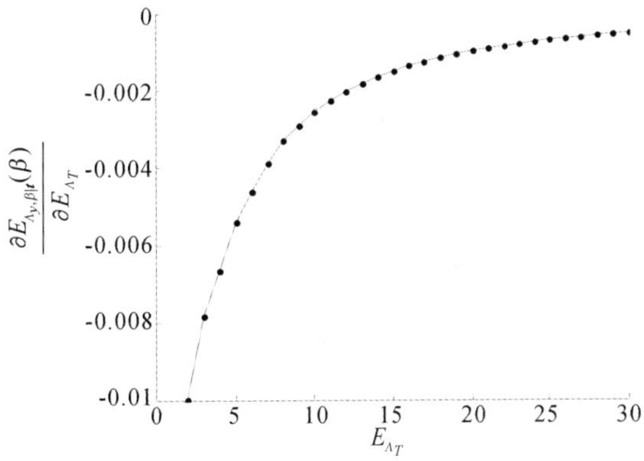

图 4.2　$\dfrac{\partial \boldsymbol{E}_{\Lambda_y,\beta|t}(\boldsymbol{\beta})}{\partial \boldsymbol{E}_{\Lambda_T}}$随 $\boldsymbol{E}_{\Lambda_T}$ 变化的曲线

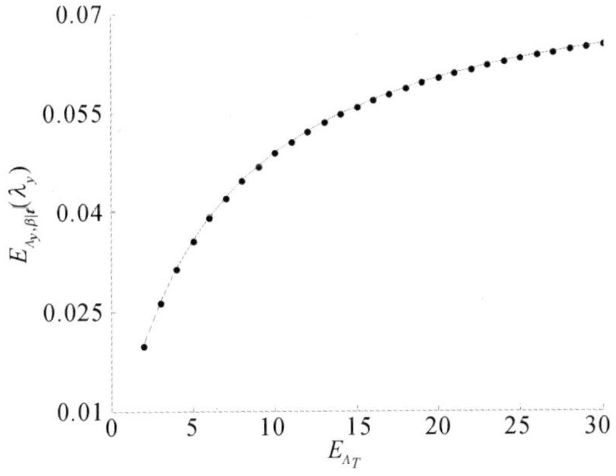

图 4.3　$\boldsymbol{E}_{\Lambda_y,\beta|t}(\boldsymbol{\lambda}_y)$随 $\boldsymbol{E}_{\Lambda_T}$ 变化的曲线

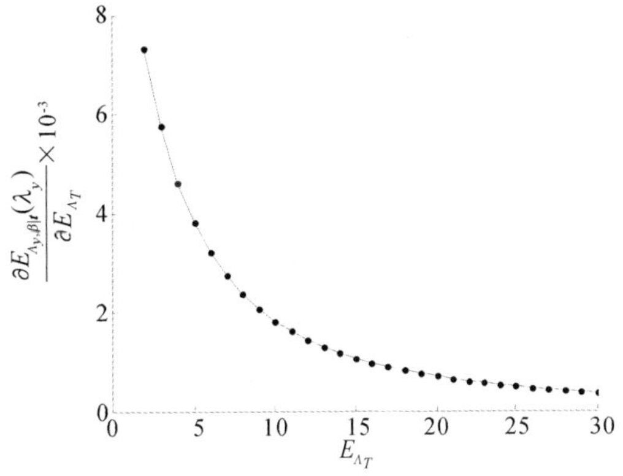

图 4.4　$\dfrac{\partial \boldsymbol{E}_{\Lambda_y,\beta|t}(\boldsymbol{\lambda}_y)}{\partial \boldsymbol{E}_{\Lambda_T}}$随 $\boldsymbol{E}_{\Lambda_T}$ 变化的曲线

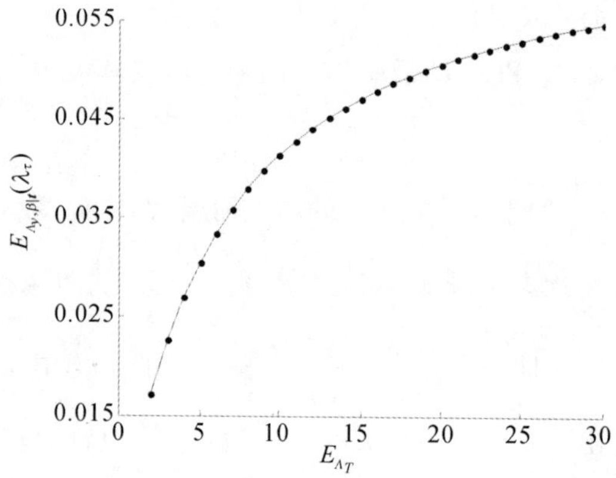

图 4.5　$E_{\Lambda_y,\beta|t}(\lambda_\tau)$ 随 E_{Λ_T} 变化的曲线

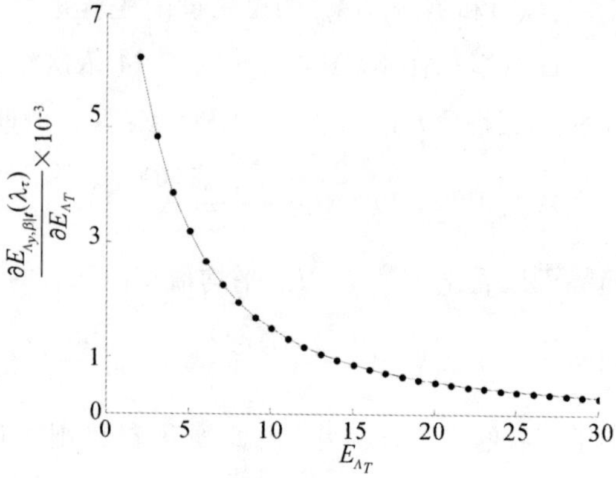

图 4.6　$\frac{\partial E_{\Lambda_y,\beta|t}(\lambda_\tau)}{\partial E_{\Lambda_T}}$ 随 E_{Λ_T} 变化的曲线

从图 4.8、图 4.10 和图 4.12 可以看出，$\frac{\partial E_{\Lambda_y,\beta|t}(\beta)}{\partial CV_{\Lambda_T}}$，$\frac{\partial E_{\Lambda_y,\beta|t}(\lambda_y)}{\partial CV_{\Lambda_T}}$ 和 $\frac{\partial E_{\Lambda_y,\beta|t}(\lambda_\tau)}{\partial CV_{\Lambda_T}}$ 均小于 0，它们的平均值都随 CV_{Λ_T} 的增大而增大，而 $E_{\Lambda_y,\beta|t}(\beta)$，$E_{\Lambda_y,\beta|t}(\lambda_y)$ 和 $E_{\Lambda_y,\beta|t}(\lambda_\tau)$ 的平均值都大于各自的真值并且随 CV_{Λ_T} 的增加变化不大，如图 4.7、图 4.9 和图 4.11 所示。

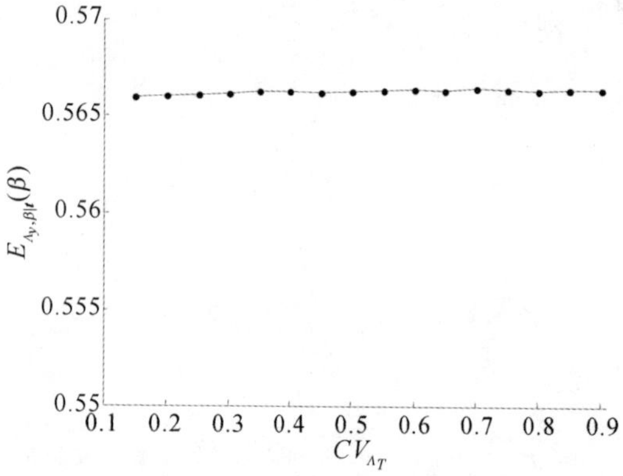

图 4.7　$E_{\Lambda_y,\beta|t}(\beta)$ 随 CV_{Λ_T} 变化的曲线

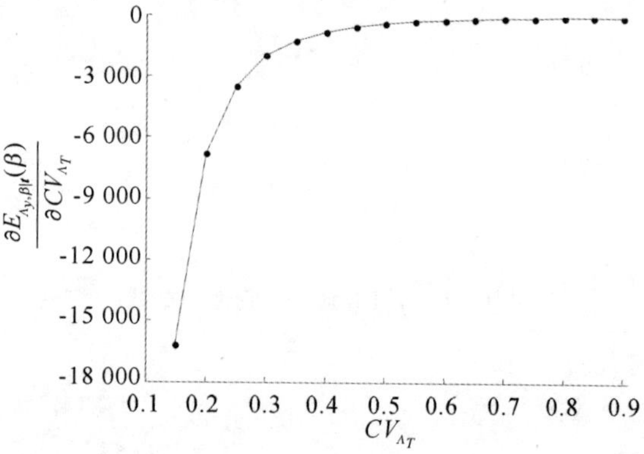

图 4.8　$\frac{\partial E_{\Lambda_y,\beta|t}(\beta)}{\partial CV_{\Lambda_T}}$ 随 CV_{Λ_T} 变化的曲线

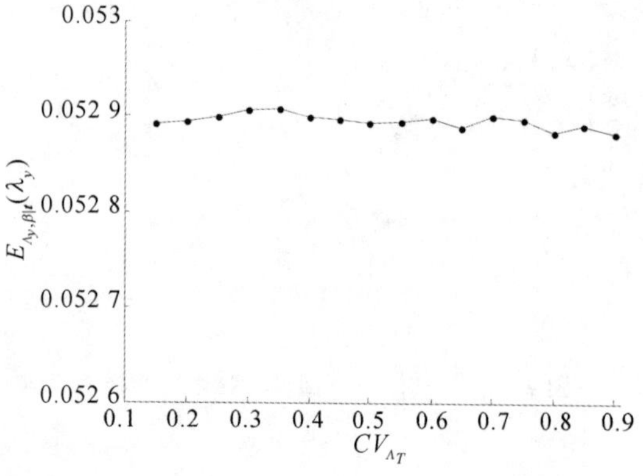

图 4.9　$E_{\Lambda_y,\beta|t}(\lambda_y)$ 随 CV_{Λ_T} 变化的曲线

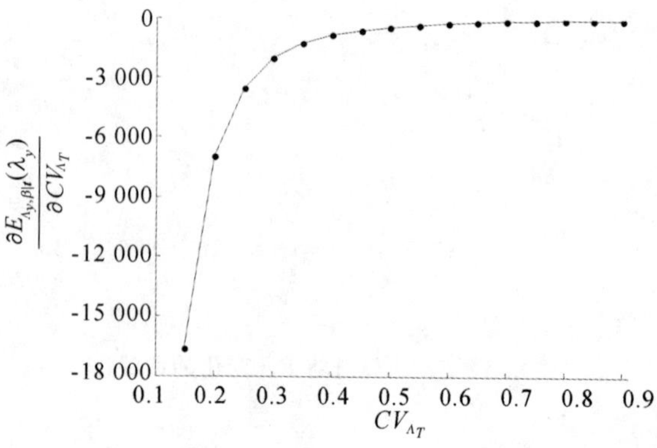

图 4.10　$\frac{\partial E_{\Lambda_y,\beta|t}(\lambda_y)}{\partial CV_{\Lambda_T}}$ 随 CV_{Λ_T} 变化的曲线

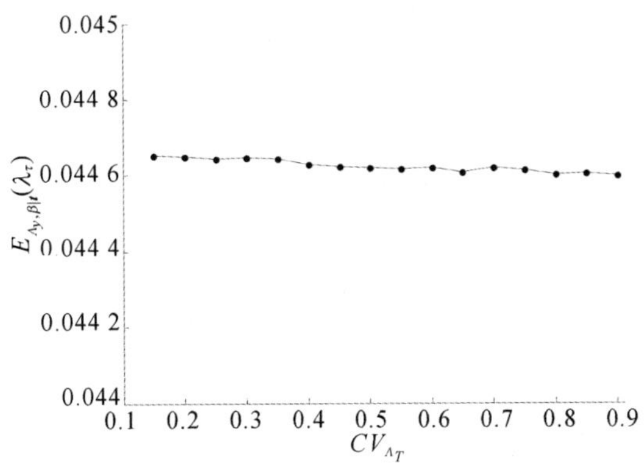

图 4.11　$\boldsymbol{E_{\Lambda_y,\beta|t}(\lambda_\tau)}$随 $\boldsymbol{CV_{\Lambda_T}}$ 的变化曲线

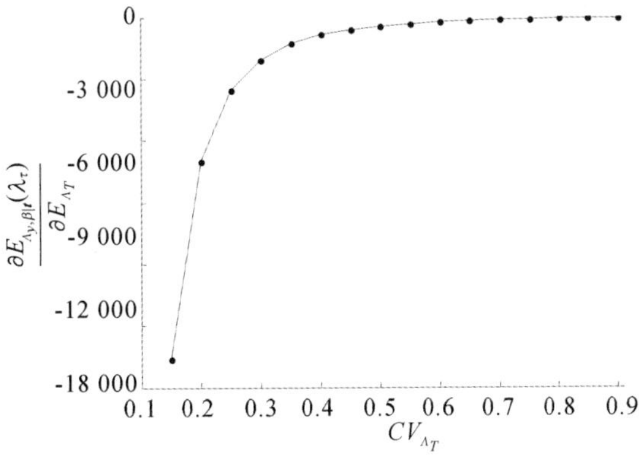

图 4.12　$\boldsymbol{\frac{\partial E_{\Lambda_y,\beta|t}(\lambda_\tau)}{\partial CV_{\Lambda_T}}}$随 $\boldsymbol{CV_{\Lambda_T}}$ 的变化曲线

从图 4.14、图 4.16 和图 4.18 可以看出，$\frac{\partial E_{\Lambda_y,\beta|t}(\beta)}{\partial E_\beta}$、$\frac{\partial E_{\Lambda_y,\beta|t}(\lambda_y)}{\partial E_\beta}$和$\frac{\partial E_{\Lambda_y,\beta|t}(\lambda_\tau)}{\partial E_\beta}$均大于 0，并且它们的平均值都随 E_β 的增大而减小，由此变化趋势可以看出，$E_{\Lambda_y,\beta|t}(\beta)$、$E_{\Lambda_y,\beta|t}(\lambda_y)$和$E_{\Lambda_y,\beta|t}(\lambda_\tau)$的平均值都将随 E_β 的增大而平稳增大，如图 4.13、图 4.15 和图 4.17 所示。

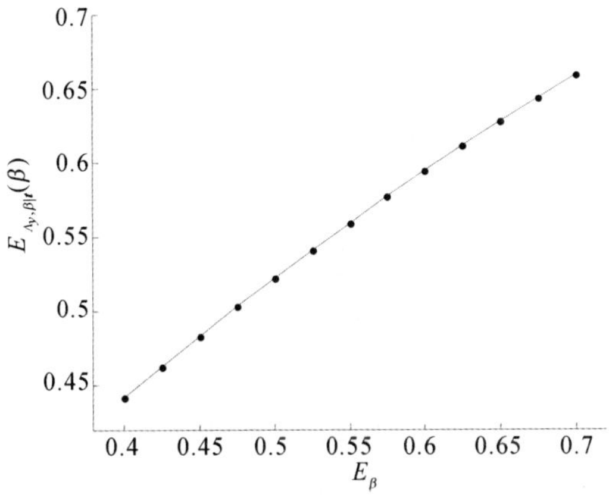

图 4.13　$\boldsymbol{E_{\Lambda_y,\beta|t}(\beta)}$随 $\boldsymbol{E_\beta}$ 的变化曲线

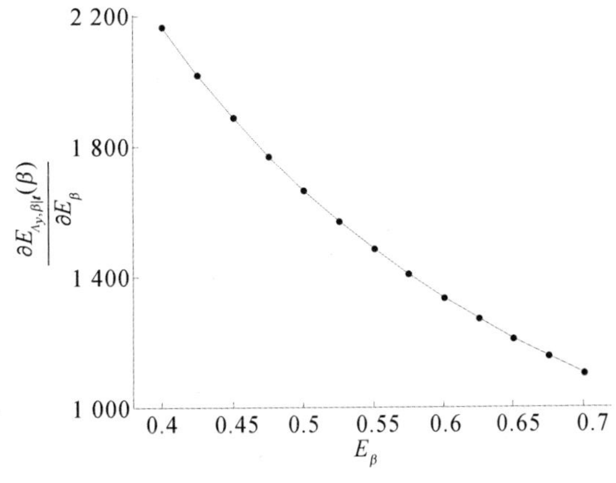

图 4.14　$\boldsymbol{\frac{\partial E_{\Lambda_y,\beta|t}(\beta)}{\partial E_\beta}}$随 $\boldsymbol{E_\beta}$ 的变化曲线

从图 4.20、图 4.22 和图 4.24 可以看出，$\frac{\partial E_{\Lambda_y,\beta|t}(\beta)}{\partial CV_\beta}$，$\frac{\partial E_{\Lambda_y,\beta|t}(\lambda_y)}{\partial CV_\beta}$和$\frac{\partial E_{\Lambda_y,\beta|t}(\lambda_\tau)}{\partial CV_\beta}$均大于 0，并且它们的平均值都随 CV_β 的增大而减小，尤其当 CV_β 越小时这种减小的程度越大。由此变化趋势可以看出，$E_{\Lambda_y,\beta|t}(\beta)$，$E_{\Lambda_y,\beta|t}(\lambda_y)$和 $E_{\Lambda_y,\beta|t}(\lambda_\tau)$的平均值都随 CV_β 的增大由增幅较大逐渐变为增幅较小，整体呈现平稳的增长趋势，且 CV_β 越大，$E_{\Lambda_y,\beta|t}(\beta)$，$E_{\Lambda_y,\beta|t}(\lambda_y)$和$E_{\Lambda_y,\beta|t}(\lambda_\tau)$的估计值也越大于各自的真值，如图 4.19、图 4.21 和图 4.23 所示。

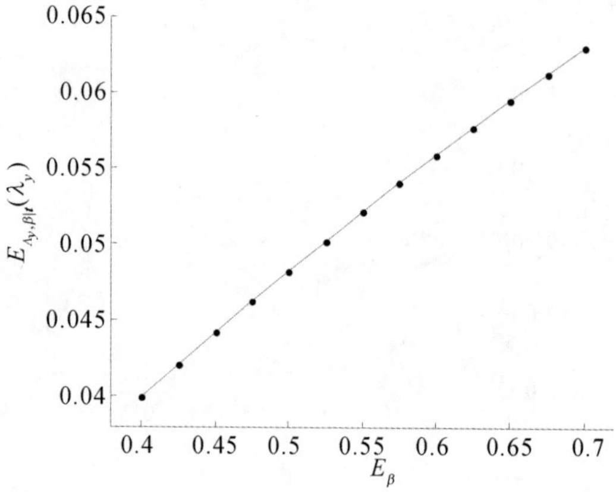

图 4.15　$E_{\Lambda_y,\beta|t}(\lambda_y)$随$E_\beta$变化的曲线

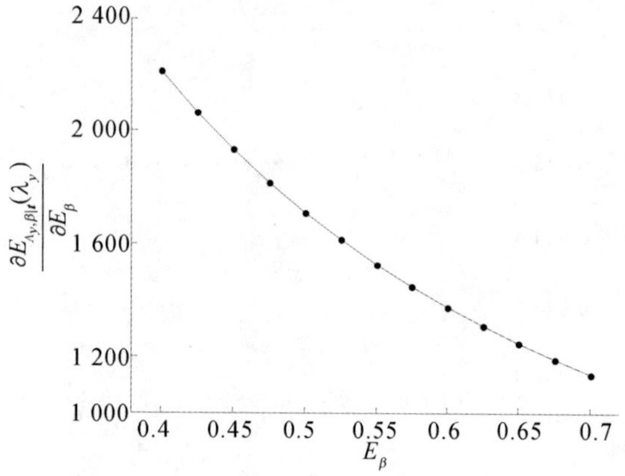

图 4.16　$\dfrac{\partial E_{\Lambda_y,\beta|t}(\lambda_y)}{\partial E_\beta}$随$E_\beta$变化的曲线

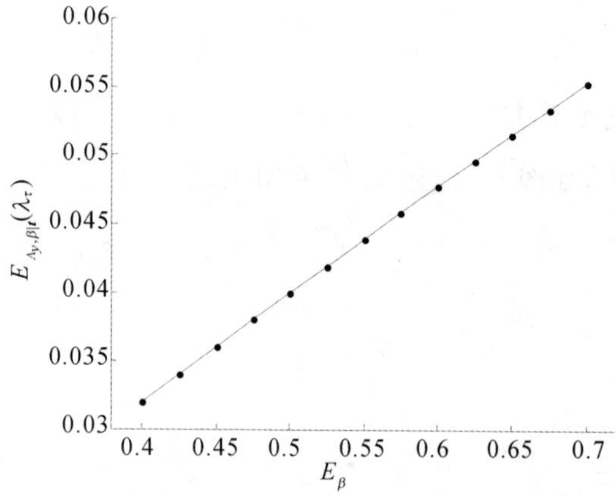

图 4.17　$E_{\Lambda_y,\beta|t}(\lambda_\tau)$随$E_\beta$变化的曲线

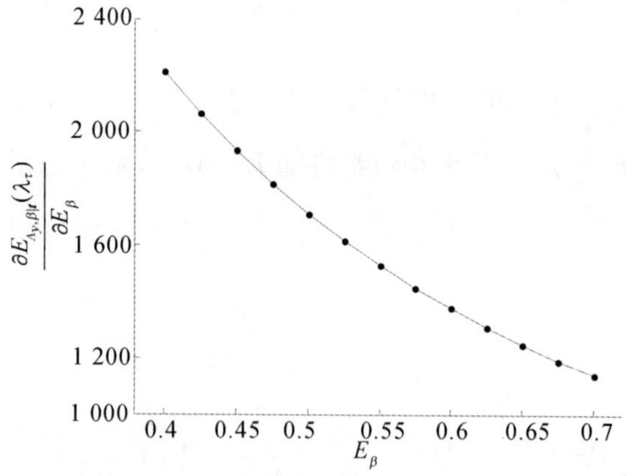

图 4.18　$\dfrac{\partial E_{\Lambda_y,\beta|t}(\lambda_\tau)}{\partial E_\beta}$随$E_\beta$变化的曲线

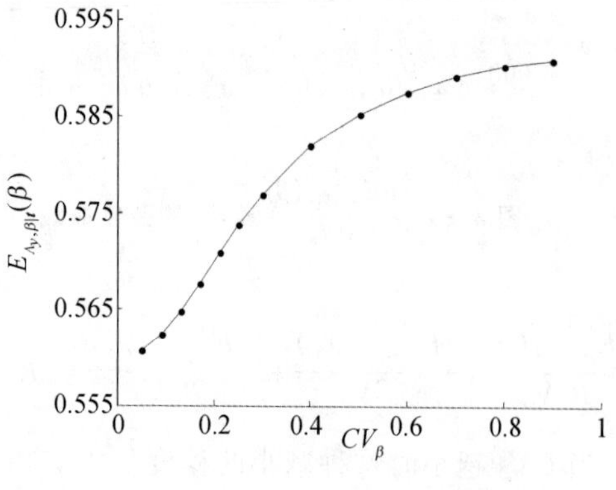

图 4.19　$E_{\Lambda_y,\beta|t}(\beta)$随$CV_\beta$变化的曲线

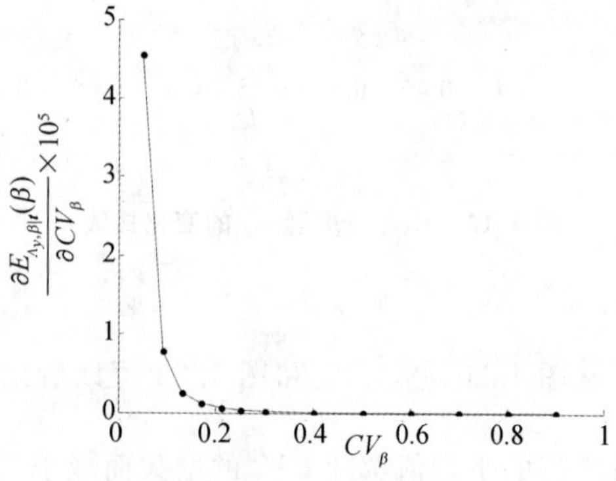

图 4.20　$\dfrac{\partial E_{\Lambda_y,\beta|t}(\beta)}{\partial CV_\beta}$随$CV_\beta$变化的曲线

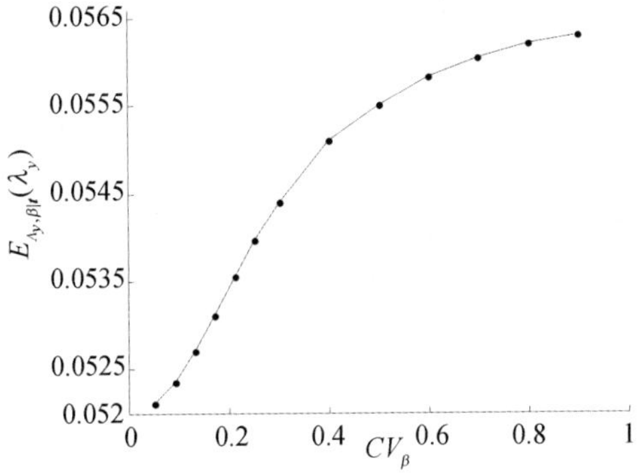

图 4.21　$E_{\Lambda_y,\beta|t}(\lambda_y)$ 随 CV_β 变化的曲线

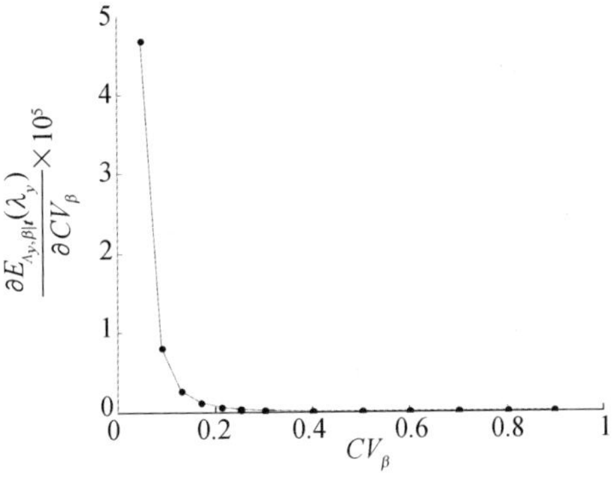

图 4.22　$\dfrac{\partial E_{\Lambda_y,\beta|t}(\lambda_y)}{\partial CV_\beta}$ 随 CV_β 变化的曲线

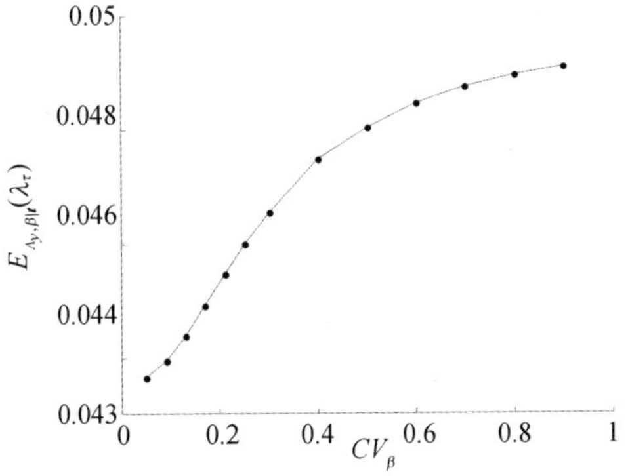

图 4.23　$E_{\Lambda_y,\beta|t}(\lambda_\tau)$ 随 CV_β 变化的曲线

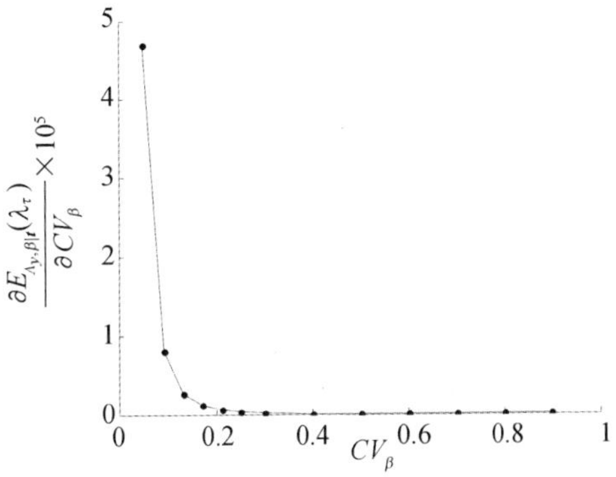

图 4.24　$\dfrac{\partial E_{\Lambda_y,\beta|t}(\lambda_\tau)}{\partial CV_\beta}$ 随 CV_β 变化的曲线

从上述分析中还可以看出：在 Gamma 信息先验的先验矩中，E_{Λ_T} 和 E_β 的变化对 $E_{\Lambda_y,\beta|t}(\beta)$，$E_{\Lambda_y,\beta|t}(\lambda_y)$ 和 $E_{\Lambda_y,\beta|t}(\lambda_\tau)$ 的影响较大；CV_{Λ_T} 的变化对 $E_{\Lambda_y,\beta|t}(\beta)$，$E_{\Lambda_y,\beta|t}(\lambda_y)$ 和 $E_{\Lambda_y,\beta|t}(\lambda_\tau)$ 的影响非常小；CV_β 的变化对 $E_{\Lambda_y,\beta|t}(\beta)$，$E_{\Lambda_y,\beta|t}(\lambda_y)$ 和 $E_{\Lambda_y,\beta|t}(\lambda_\tau)$ 的影响虽不是很大，但它的取值不能太大。

4.3 节针对 Gamma 信息先验的先验矩对 PLP 模型参数函数的后验均值所产生的影响给出了定量分析方法，下面将对先验矩的一些具体取值给出分析结果，并针对先验矩对 PLP 模型参数的函数的贝叶斯区间分析所产生的影响给出一些定性分析。

首先来看 Λ_T 和 β 的均值所产的影响。在 $CV_{\Lambda_T}=0.3$ 和 $CV_\beta=0.15$ 时分 9 种情况讨论，其中当 $E_{\Lambda_T}=12.5$ 和 $E_\beta=0.56$ 时，Λ_T 和 β 的均值就是其真值，其他 8 种情况则对应于 Λ_T 和 β 的均值偏离真值的情况，如当 $E_{\Lambda_T}=6$ 和 $E_\beta=0.7$ 时对应于 Λ_T 的均值偏小而 β 的均值偏大。在平方损失函数下，利用本章的方法可以计算出 9 种先验情况下 β，λ_y 和 λ_τ 的贝叶斯估计值的平均值和相对均方误差（括号中数据），以及可信水平为 0.90 的贝叶斯可信区间、贝叶斯 HPD 区间的区间覆盖率和平均区间长度（括号中数据），分别见表 4.2 和表 4.3。从表 4.2 和表 4.3 中可以看出：当 E_{Λ_T} 一定时，β，λ_y 和 λ_τ 的贝叶斯估计值的平均值会随着 E_β 的增大而增大；随着 E_β 偏离于 β 真值，β 的估计值也偏离于真值；当所给定的 E_{Λ_T} 偏小/偏大时，λ_y 和 λ_τ 的估计值相对于各自真值同样有偏小/偏大趋势。当 E_β 一定时，β 的贝叶斯估计值的平均值会随着

E_{Δ_T} 的增大而减小，λ_y 和 λ_τ 的贝叶斯估计值的平均值则随着 E_{Δ_T} 的增大而增大；当所给定的 E_β 偏小/偏大时，β、λ_y 和 λ_τ 的估计值相对于各自真值同样有偏小/偏大趋势。因此随着 β、λ_y 和 λ_τ 估计值偏离于各自的真值，这些估计量的相对均方误差则会增大，而相应的贝叶斯后验区间精度则会降低。

表 4.2　不同均值下贝叶斯估计的平均值和相对均方误差

E_{Δ_T}	E_β	β	λ_y	λ_τ
12.5	0.56	0.566 (0.004 3)	0.052 9 (0.029 9)	0.044 6 (0.034 4)
6	0.56	0.585 (0.006 9)	0.039 3 (0.074 6)	0.033 4 (0.071 4)
20	0.56	0.556 (0.003 9)	0.060 3 (0.064 7)	0.050 6 (0.070 6)
12.5	0.45	0.483 (0.021 4)	0.044 2 (0.041 8)	0.036 0 (0.049 5)
12.5	0.7	0.659 (0.038 5)	0.063 0 (0.088 6)	0.055 2 (0.129)
6	0.7	0.685 (0.058 0)	0.047 7 (0.031 2)	0.042 3 (0.033 8)
20	0.45	0.475 (0.025 2)	0.050 8 (0.027 3)	0.041 2 (0.029 7)
6	0.45	0.497 (0.015 5)	0.032 2 (0.153)	0.026 4 (0.163)
20	0.7	0.645 (0.030 0)	0.071 1 (0.191)	0.062 0 (0.250)

表 4.3　不同均值下贝叶斯区间的区间覆盖率和平均区间长度

E_{Δ_T}	E_β	β		λ_y		λ_τ	
		贝叶斯可信区间	HPD 区间	贝叶斯可信区间	HPD 区间	贝叶斯可信区间	HPD 区间
12.5	0.56	0.998 (0.233)	0.998 (0.231)	0.980 (0.040 2)	0.976 (0.039 3)	0.984 (0.036 3)	0.978 (0.035 3)
6	0.56	0.998 (0.240)	0.998 (0.238)	0.666 (0.030 6)	0.566 (0.029 8)	0.724 (0.027 8)	0.618 (0.026 9)
20	0.56	0.998 (0.228)	0.998 (0.227)	0.936 (0.045 2)	0.956 (0.044 3)	0.954 (0.040 7)	0.976 (0.039 6)
12.5	0.45	0.786 (0.198)	0.744 (0.197)	0.890 (0.033 4)	0.826 (0.032 7)	0.850 (0.028 8)	0.780 (0.028 1)
12.5	0.7	0.774 (0.270)	0.806 (0.268)	0.898 (0.048 0)	0.942 (0.046 9)	0.886 (0.045 5)	0.948 (0.044 2)
6	0.7	0.594 (0.279)	0.638 (0.277)	0.954 (0.037 5)	0.922 (0.036 5)	0.974 (0.035 9)	0.954 (0.034 6)
20	0.45	0.710 (0.196)	0.646 (0.194)	0.976 (0.038 0)	0.960 (0.037 2)	0.968 (0.032 7)	0.942 (0.031 9)
6	0.45	0.882 (0.204)	0.852 (0.202)	0.232 (0.024 9)	0.166 (0.024 3)	0.232 (0.021 6)	0.162 (0.021 0)
20	0.7	0.860 (0.265)	0.890 (0.263)	0.706 (0.053 5)	0.788 (0.052 3)	0.708 (0.050 5)	0.810 (0.049 1)

关于 Λ_T 和 β 的 CV 对 β,λ_y 和 λ_τ 的贝叶斯估计值及其后验区间分析所产生的影响，在 $E_{\Lambda_T}=12.5$ 和 $E_\beta=0.56$ 时分 9 种情况讨论，具体见表 4.4 和表 4.5。表 4.4 中列出的是在平方损失函数下 β,λ_y 和 λ_τ 的贝叶斯估计值的平均值和相对均方误差(括号中数据)，而表 4.5 中列出的是 β,λ_y 和 λ_τ 的后验区间的覆盖率和平均区间长度(括号中数据)。从表 4.4 和表 4.5 中可以看出，在 CV_{Λ_T} 一定的前提下，β,λ_y 和 λ_τ 的贝叶斯估计值的平均值略大于各自真值，且均会随着 CV_β 的增大而略有增加，此时这些估计量的贝叶斯后验区间精度都较高。在 CV_β 一定的前提下，当所给 CV_β 较小时，β,λ_y 和 λ_τ 的贝叶斯估计值的平均值略大于各自真值，且 CV_{Λ_T} 的大小对 β,λ_y 和 λ_τ 的估计结果影响甚微；而当所给 CV_β 不太小时，β,λ_y 和 λ_τ 的贝叶斯估计值的平均值也略大于各自的真值，并且随 CV_{Λ_T} 的增大略有增加，而它们的贝叶斯后验区间精度也都较好。

表 4.4　不同 CV 下贝叶斯估计的平均值和相对均方误差

CV_{Λ_T}	CV_β	β	λ_y	λ_τ
0.3	0.15	0.566 (0.004 3)	0.052 9 (0.029 9)	0.044 6 (0.034 4)
0.15	0.15	0.565 (0.005 0)	0.052 7 (0.016 7)	0.044 5 (0.021 8)
0.6	0.15	0.566 (0.004 3)	0.052 9 (0.045 6)	0.044 6 (0.049 8)
0.3	0.05	0.561 (9.83×10^{-5})	0.052 1 (0.019 8)	0.043 6 (0.020 0)
0.3	0.25	0.574 (0.014 6)	0.054 0 (0.049 0)	0.046 0 (0.064 0)
0.15	0.25	0.563 (0.015 1)	0.052 9 (0.038 2)	0.044 8 (0.053 4)
0.6	0.05	0.561 (9.61×10^{-5})	0.052 2 (0.037 3)	0.043 7 (0.037 6)
0.15	0.05	0.560 7 (1.04×10^{-4})	0.051 9 (0.004 9)	0.043 5 (0.005 1)
0.6	0.25	0.575 (0.015 0)	0.053 8 (0.061 4)	0.045 8 (0.075 3)

综合上述 Λ_T 和 β 的均值及 CV 对 β,λ_y 和 λ_τ 的后验分析所产生的影响，可以得到以下结论：Λ_T 和 β 的均值应尽量靠近各自的真值，尤其是 β；Λ_T 的 CV 应取大一些，而 β 的 CV 则相对取小一些。然而，在实际工程中无法得知 Λ_T 和 β 的真值，得到的是关于 Λ_T 和 β 的一些经验值，这些值和真值之间必然存在差距，只要这种差距不是很大，就不会影响本节中方法的使用。

在得到了信息先验中 Λ_T 和 β 的均值及 CV 对 β,λ_y 和 λ_τ 的后验分析所产生的影响后，对比信息先验和无信息先验下的贝叶斯分析结果可知，只要信息先验中先验矩选择得合适，就可以得到比无信息先验要好的贝叶斯分析结果，如选择 $E_{\Lambda_T}=10$，$CV_{\Lambda_T}=0.6$，$E_\beta=0.6$ 和 $CV_\beta=0.15$。

表 4.5 不同 CV 下贝叶斯区间的区间覆盖率和平均区间长度

CV_{Λ_T}	CV_β	β		λ_y		λ_τ	
		贝叶斯可信区间	HPD 区间	贝叶斯可信区间	HPD 区间	贝叶斯可信区间	HPD 区间
0.3	0.15	0.998 (0.233)	0.998 (0.232)	0.980 (0.040 2)	0.976 (0.039 3)	0.984 (0.036 3)	0.978 (0.035 3)
0.15	0.15	0.998 (0.224)	0.996 (0.210)	1.000 (0.033 9)	0.994 (0.032 2)	1.000 (0.031 4)	0.990 (0.029 6)
0.6	0.15	0.998 (0.234)	0.998 (0.232)	0.958 (0.043 5)	0.952 (0.042 5)	0.964 (0.039 0)	0.956 (0.037 9)
0.3	0.05	1.000 (0.090 0)	1.000 (0.089 7)	0.976 (0.032 7)	0.978 (0.032 2)	0.978 (0.027 8)	0.982 (0.027 4)
0.3	0.25	0.982 (0.316)	0.980 (0.313)	0.966 (0.046 7)	0.962 (0.045 3)	0.968 (0.043 6)	0.962 (0.041 9)
0.15	0.25	0.960 (0.252)	0.928 (0.226)	0.966 (0.036 5)	0.924 (0.033 7)	0.962 (0.034 3)	0.920 (0.031 7)
0.6	0.05	1.000 (0.090 1)	1.000 (0.089 7)	0.944 (0.037 8)	0.930 (0.037 2)	0.944 (0.032 0)	0.934 (0.031 5)
0.15	0.05	1.000 (0.090 0)	1.000 (0.089 4)	0.998 (0.023 9)	1.000 (0.023 7)	1.000 (0.020 6)	1.000 (0.020 4)
0.6	0.25	0.978 (0.320)	0.976 (0.317)	0.952 (0.048 9)	0.942 (0.047 4)	0.950 (0.045 4)	0.946 (0.043 7)

4.5.2 实例

通过上述具有真值的数值模拟算例验证了本章所提方法的合理性与有效性之后，这里将该方法应用于 3.2.3 节中实例的分析。假设已知雷达在 $T=25$ h 内发生了 4 次故障，取 $E_{\Lambda_T}=4$，$CV_{\Lambda_T}=0.6$，$E_\beta=0.38$ 和 $CV_\beta=0.15$，且 $y=160$ h 和 $\tau=300$ h。

基于无信息先验和 Gamma 信息先验，利用本章方法可以计算出 β，λ_y 和 λ_τ 在平方损失函数下的贝叶斯估计和可信水平为 0.90 的贝叶斯区间估计，见表 4.6。从表 4.6 中发现，无论是贝叶斯可信区间还是贝叶斯 HPD 区间，基于 Gamma 信息先验的区间长度都比无信息先验时的区间长度要短，这说明了 Gamma 信息先验比无信息先验有效，关于这一点也可以从图 4.25～图 4.27 的经验分布函数曲线得知。

表 4.6　贝叶斯后验分析结果

		β	λ_y	λ_τ
MLE		0.395	0.019 7	0.013 5
无信息先验	贝叶斯估计	0.394	0.019 7	0.014 0
	后验方差	1.98×10^{-2}	1.04×10^{-4}	7.20×10^{-5}
	贝叶斯可信区间	(0.195,0.650)	(0.007 2,0.038 9)	(0.004 4,0.029 8)
	HPD 区间	(0.166,0.609)	(0.004 8,0.033 9)	(0.002 7,0.025 4)
信息先验	贝叶斯估计	0.382	0.019 3	0.013 1
	后验方差	0.280×10^{-2}	0.446×10^{-4}	2.32×10^{-5}
	贝叶斯可信区间	(0.300,0.471)	(0.010 0,0.031 8)	(0.006 6,0.022 1)
	HPD 区间	(0.297,0.467)	(0.008 9,0.029 8)	(0.005 6,0.020 3)

利用式(4.14)和式(4.24)可以得到β,λ_y 和λ_τ 的加权经验分布函数,其函数曲线分别绘制于图 4.25～图 4.27。从图 4.25～图 4.27 中可以看出:除了难以精确模拟的尾分布以外,基于 Gamma 信息先验的β,λ_y 或λ_τ 的加权经验分布明显要比无信息先验下的经验分布更集中(即β,λ_y 或λ_τ 的取值相对集中),这也说明了 Gamma 信息先验比无信息先验更有效。

至于 Gamma 信息先验的有效性,还可以从估计量的后验方差来判定。利用方差的计算公式

$$\mathrm{Var}_{\Lambda_y,\beta|t}[\eta(\lambda_0,\beta)]=E_{\Lambda_y,\beta|t}[\eta(\lambda_0,\beta)^2]-\{E_{\Lambda_y,\beta|t}[\eta(\lambda_0,\beta)]\}^2 \tag{4.49}$$

并结合式(4.10),可以计算出β,λ_y 和λ_τ 的后验方差,见表 4.6。对比表 4.6 中无信息先验和 Gamma 信息先验下β,λ_y 或λ_τ 的后验方差,可发现在 Gamma 信息先验下估计量的后验方差更小一些,这也体现出 Gamma 信息先验较无信息先验更为有效。

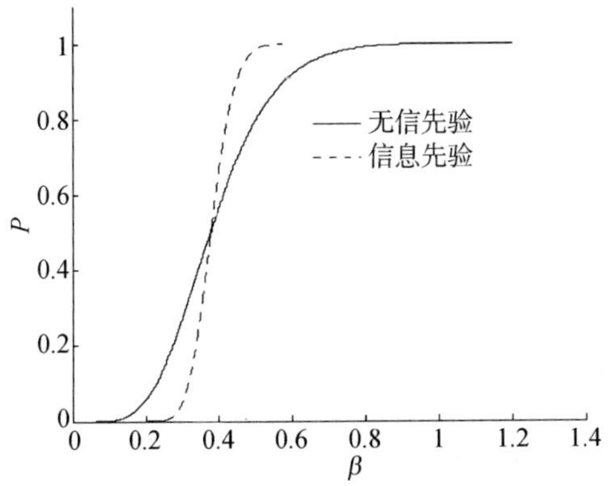

图 4.25　β 的加权经验分布

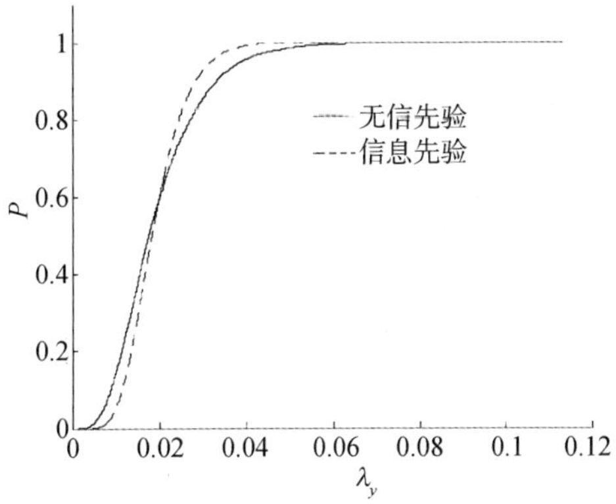

图 4.26　λ_y 的加权经验分布

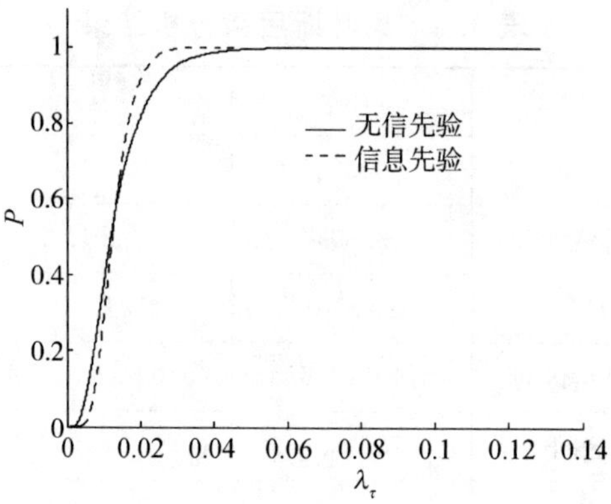

图 4.27 λ_τ 的加权经验分布

此外，基于无信息先验和 Gamma 信息先验，利用 4.4 节的方法还可以方便地对雷达进行单、双样预测分析，分析结果见图 4.28～图 4.33。从图中可以看出，在无信息先验和 Gamma 信息先验下所得雷达的预测分析的趋势是一致的。因此，只要有信息先验可用，在其合理的前提下，就可以利用本章中的方法对 PLP 模型进行贝叶斯分析和预测分析。

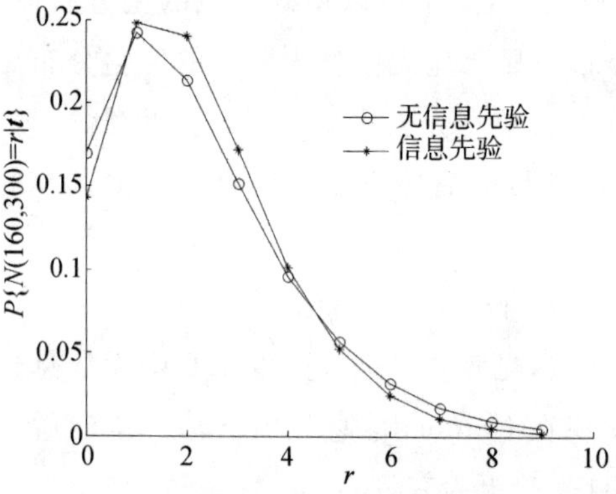

图 4.28 $N(160,300)$ 的预测分布

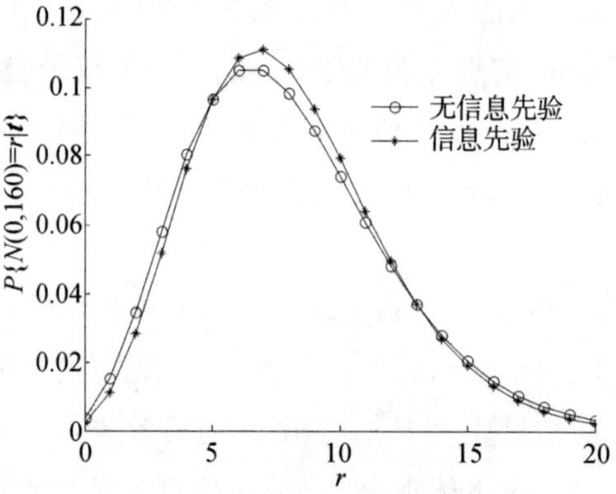

图 4.29 $N(0,160)$ 的预测分布

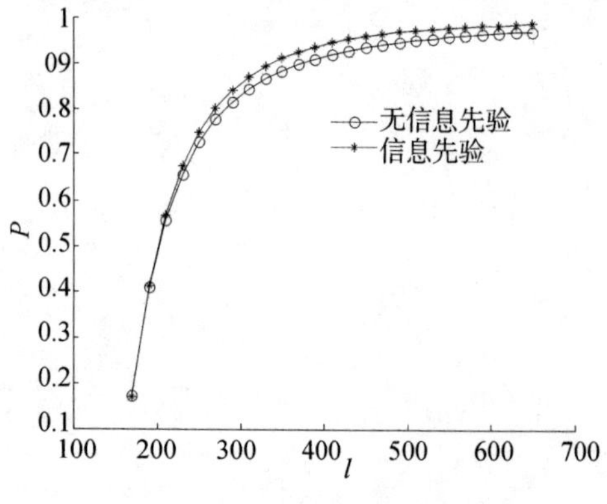

图 4.30 T_{n+1} 的预测分布

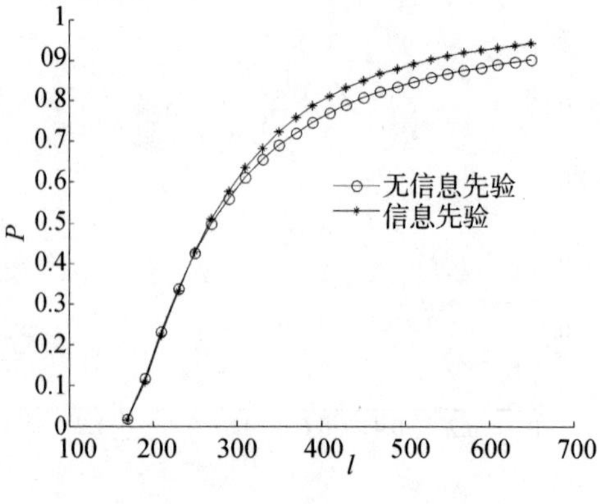

图 4.31 T_{n+2} 的预测分布

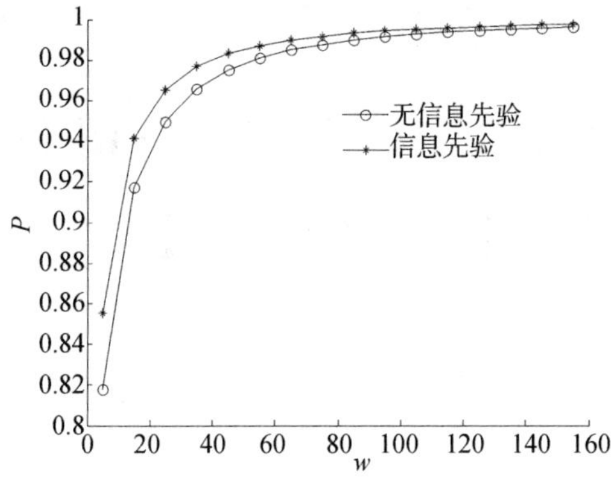

图 4.32　W_1 的预测分布

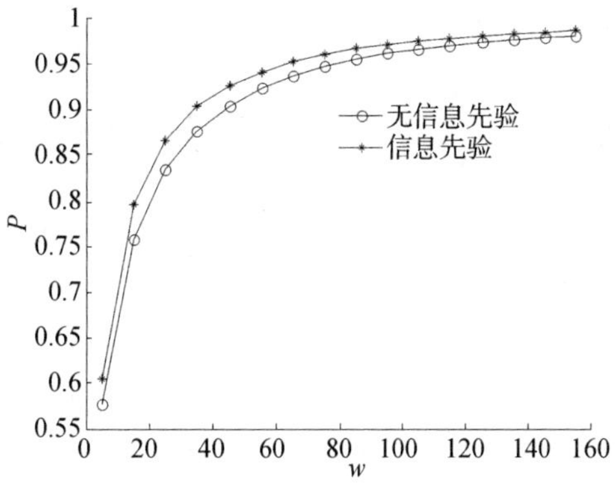

图 4.33　W_2 的预测分布

4.6　本章小结

在 Gamma 信息先验下基于 PLP 模型的可修系统贝叶斯可靠性分析中，PLP 模型参数 θ 或 β 的后验分布通常较复杂且无法直接获取其样本，故需借助其他抽样方法来获取其样本以进行与参数 (θ,β) 相关的一些可靠性评估。因此，为了简化 Gamma 信息先验下可修系统基于 PLP 模型的复杂贝叶斯可靠性分析，本章将与参数 (θ,β) 相关一些量的贝叶斯分析转化为 PLP 模型中某些易于抽样的关键参数函数的贝叶斯分析，并结合二重积分换元公式给出可修系统单、双样预测分析的一种简单方法。虽然本章是在 Gamma 信息先验下对可修系统基于 PLP 模型进行了可靠性贝叶斯分析及其预测分析，但是这种处理问题的方法同样适用于其他信息先验下的可修系统基于 PLP 模型的可靠性贝叶斯分析及其预测分析。

此外，针对 Gamma 信息先验中先验矩的变化所引起与 PLP 模型参数相关一些可靠性评估量的贝叶斯后验均值及其贝叶斯区间估计的变化，本章还给出了一些定量分析和定性分析，利用这些结果可以指导我们如何选择 Gamma 信息先验中的先验矩。

第5章 自然共轭先验下基于PLP的可修系统贝叶斯可靠性分析方法

对可修系统基于PLP模型开展的贝叶斯分析研究已经很多,但这些贝叶斯分析都是在无信息先验或信息先验下进行的,而使用这些无信息先验和信息先验的前提是假定PLP模型参数之间是相互独立的,本书第3章亦是如此。于是文献[88]专门针对PLP模型提出了一种具有四个超参数的自然共轭先验(Natural Conjugate Prior),该先验不仅考虑了PLP模型参数之间的相关性,而且对各参数的矩也有较简单的解析表达式。目前,基于自然共轭先验对PLP模型开展的研究较少,如文献[88]在该先验下研究了基于PLP模型的可修系统的当前强度和未来强度的贝叶斯预测分析方法,文献[111,112]基于该先验研究了由PLP模型所描述可修系统的退化过程的贝叶斯决策分析方法,文献[75,89]基于具有二个和三个超参数的自然共轭先验研究了PLP模型的经验贝叶斯分析方法。此外,在以往基于无信息先验或信息先验下PLP模型的贝叶斯分析方法中都存在一个共同问题,就是PLP模型参数的后验分布多是一些复杂形式的积分且无解析解,从而加大了与模型参数相关的一些后续可靠性评估的难度,该问题同样会出现在基于自然共轭先验的PLP模型的贝叶斯统计推断分析中。因此,基于自然共轭先验,本章结合重要抽样法针对PLP模型提出一种简单、有效的贝叶斯分析及其预测分析方法。

本章首先介绍自然共轭先验和基于先验矩来确定超参数,然后利用重要抽样法给出PLP模型参数及其函数的贝叶斯分析方法,并讨论了PLP模型参数的函数的后验均值对自然共轭先验中超参数的灵敏度问题,最后对工程中所感兴趣参数的函数以及单、双样预测问题给出了相应的贝叶斯分析方法。

5.1 自然共轭先验分布

为了能够使用PLP模型的自然共轭先验,这里需要对第2章所介绍的PLP模型进行一些形式上的变换,即令

$$\lambda_0=\frac{1}{\theta^{\beta}} \tag{5.1}$$

则由式(2.1)表示的PLP模型的强度函数变化为

$$\lambda(t)=\lambda_0\beta t^{\beta-1} \tag{5.2}$$

相应地,PLP模型的均值函数变为

$$\Lambda(t)=\lambda_0 t^{\beta} \tag{5.3}$$

针对这样的PLP模型,文献[88]给出了PLP模型参数λ_0和β的一种联合自然共轭先验(Natural Conjugate Prior)分布,其形式为

$$g(\lambda_0,\beta)=K'\beta^{m-1}\lambda_0{}^{m-1}\{\exp(-\alpha)y_m{}^m\}^{\beta-1}\exp(-\lambda_0 c y_m{}^{\beta}) \tag{5.4}$$

其中，正则化因子 $K'=\frac{1}{\{\Gamma(m)\}^2}\exp(-\alpha)c^m y_m{}^m\alpha^m$，$m$、$\alpha$、$y_m$ 和 c 分别为自然共轭先验分布中四个超参数，且 $m>0,\alpha>0,c>0,\ln y_m>0$。

特别地，当超参数 m,α,y_m 和 c 均为 0 时的自然共轭先验即为无信息先验，它与式(3.4)中 $\gamma=0$ 时的无信息先验相对应。此外，该自然共轭先验同样适用于时间截尾数据和失效截尾数据。

式(5.4)所示的自然共轭先验具有以下性质[88,111-112]：

性质 1：β 的边缘分布为 Gamma 分布，即 $\beta\sim\Gamma(m,\alpha)$，其数学期望为

$$E_\beta=\frac{m}{\alpha} \tag{5.5}$$

变异系数为

$$CV_\beta=m^{-\frac{1}{2}} \tag{5.6}$$

性质 2：在给定 β 的条件下，λ_0 的分布也服从 Gamma 分布，即

$$\lambda_0|\beta\sim\Gamma(m,cy_m{}^{\beta})$$

性质 3：λ_0 的数学期望为

$$E_{\lambda_0}=\frac{m}{c}\left(\frac{\alpha}{\alpha+z_m}\right)^m \tag{5.7}$$

性质 4：λ_0 的变异系数为

$$CV_{\lambda_0}=\sqrt{\frac{\eta^m(m+1)}{m}-1} \tag{5.8}$$

其中，$\eta=1+\frac{(\ln y_m)^2}{\alpha^2+2\alpha\ln y_m}$。

从自然共轭先验的上述性质可以看出，PLP 模型中各参数的先验矩(即 E_{λ_0}，CV_{λ_0}，E_β 和 CV_β)是有解析表达式的。利用式(5.5)～式(5.8)，再结合自然共轭先验分布中先验矩的一些信息，如专家经验、同型系统的失效信息，历史数据等，就可以确定出超参数的取值[112]分别如下：

$$m=\frac{1}{[CV_\beta]^2} \tag{5.9}$$

$$\alpha=\frac{1}{E_\beta[CV_\beta]^2} \tag{5.10}$$

$$y_m=\exp\left\{\alpha\left[\varphi^{\frac{1}{m}}-1+\sqrt{(\varphi^{\frac{1}{m}}-1)\varphi^{\frac{1}{m}}}\right]\right\} \tag{5.11}$$

$$c=\frac{m}{E_{\lambda_0}}\left(\frac{\alpha}{\alpha+\ln y_m}\right)^m \tag{5.12}$$

其中，$\varphi=\frac{[CV_{\lambda_0}]^2+1}{[CV_\beta]^2+1}$。

需要说明的是，在上述求解超参数的公式中隐含了条件 $CV_{\lambda_0}\geqslant CV_\beta$，若该条件不满足则超参数无实数解。此外，文献[88]还指出，为了避免 PLP 模型参数的先验过于偏斜，可合理地限制 $CV_{\lambda_0}<1$ 和 $CV_\beta<1$，而这并不会影响自然共轭先验的广泛应用。

5.2 PLP 模型的贝叶斯分析

若单台可修系统在时间段$(0,t]$内的失效次数 $N(t)$是服从具有式(5.2)所示强度函数和式(5.3)所示均值函数的 PLP 模型，在可靠性试验截尾时间 y 内观测到可修系统发生失效的时刻依次为 $0<t_1<t_2<\cdots<t_n(n\geqslant 1)$，当 $t_n=y$ 时为失效截尾，而当 $t_n<y$ 时为时间截尾，则样本$\{t_i,i=1,\cdots,n\}$的似然函数[88,111-112]为

$$l(\boldsymbol{t}|\lambda_0,\beta)=\beta^n\lambda_0{}^n\left(\prod_{i=1}^{n}t_i\right)^{\beta-1}\exp(-\lambda_0 y^\beta),\ \boldsymbol{t}=(t_1,\cdots,t_n) \tag{5.13}$$

可以得到尺度参数 λ_0 和形状参数 β 的 MLE 分别为 $\hat{\lambda}_0=n/y^{\hat{\beta}}$和$\hat{\beta}=n\Big/\sum_{i=1}^{n}\ln(y/t_i)$。

对式(5.13)和式(5.4)应用贝叶斯公式可以得到 PLP 模型参数(λ_0,β)的联合后验概率密度函数为

$$\begin{aligned}\pi(\lambda_0,\beta|\ \boldsymbol{t})&\propto l(\ \boldsymbol{t}|\lambda_0,\beta)g(\lambda_0,\beta)\\&\propto\beta^{n+m-1}\lambda_0{}^{n+m-1}\{\exp(-\alpha)y_m{}^m\}^\beta\exp\{-\lambda_0(cy_m{}^\beta+y^\beta)\}\exp\left(\beta\sum_{i=1}^{n}\ln t_i\right)\end{aligned} \tag{5.14}$$

可将式(5.14)改写[106-107]为

$$\pi(\lambda_0,\beta|\ \boldsymbol{t})\propto g_\Gamma(\lambda_0;n+m,cy_m{}^\beta+y^\beta)g_\Gamma\left(\beta;n+m,\alpha+\sum_{i=1}^{n}\ln\left(\frac{y}{t_i}\right)\right)\delta(\lambda_0,\beta) \tag{5.15}$$

其中，$\delta(\lambda_0,\beta)=\dfrac{y_m{}^{m\beta}y^{n\beta}}{(cy_m{}^\beta+y^\beta)^{n+m}}$。以 $\pi_0(\lambda_0,\beta|\ \boldsymbol{t})$表示式(5.15)的右端项，则 $\pi_0(\lambda_0,\beta|\ \boldsymbol{t})$与 $\pi(\lambda_0,\beta|\ \boldsymbol{t})$之间只相差一个正则化因子。

假设 $\eta(\lambda_0,\beta)$为 λ_0 和 β 的函数，则 $\eta(\lambda_0,\beta)$的后验数学期望为

$$E_{\lambda_0,\beta|\ \boldsymbol{t}}[\eta(\lambda_0,\beta)]=\frac{\int_0^\infty\int_0^\infty\eta(\lambda_0,\beta)\cdot\pi_0(\lambda_0,\beta\mid\boldsymbol{t})\mathrm{d}\lambda_0\mathrm{d}\beta}{\int_0^\infty\int_0^\infty\pi_0(\lambda_0,\beta\mid\boldsymbol{t})\mathrm{d}\lambda_0\mathrm{d}\beta} \tag{5.16}$$

由于式(5.14)所表示的概率密度较复杂，故无法得知式(5.16)的解析解。但基于式(5.15)，利用重要抽样法可以得到式(5.16)的近似解，具体过程如下：

(1)从 $\Gamma\left(\beta;n+m,\alpha+\sum_{i=1}^{n}\ln(y/t_i)\right)$分布中抽取 β_i；

(2)在给定的 β_i 下，从 $\Gamma(\lambda_0;n+m,cy_m{}^\beta+y^\beta)$分布中抽取 $\lambda_{0,i}$；

(3)重复步骤(1)～(2)M 次，得到样本$\{(\lambda_{0,i},\beta_i),i=1,\cdots,M\}$。

于是，式(5.16)可近似为

$$E_{\lambda_0,\beta|\ \boldsymbol{t}}[\eta(\lambda_0,\beta)]=\frac{\sum_{i=1}^{M}\eta(\lambda_{0,i},\beta_i)\delta(\lambda_{0,i},\beta_i)}{\sum_{i=1}^{M}\delta(\lambda_{0,i},\beta_i)} \tag{5.17}$$

利用式(5.17)就可以得到在平方损失函数下 $\eta(\lambda_0,\beta)$的贝叶斯估计。

基于样本 $\{(\lambda_{0,i},\beta_i),i=1,\cdots,M\}$，利用 Chen 和 Shao 的方法[105]可以方便地获得函数 $\eta(\lambda_0,\beta)$ 的贝叶斯可信域和 HPD 可信域。

令 $\eta^{(\gamma)}$ 表示函数 $\eta(\lambda_0,\beta)$ 的 γ 分位点，即

$$\eta^{(\gamma)}=\inf\{\eta(\lambda_0,\beta):\Pi(\eta(\lambda_0,\beta)\mid t)\geqslant\gamma\},$$

其中 $0<\gamma<1$，$\Pi(\eta(\lambda_0,\beta)\mid t)$ 是 $\eta(\lambda_0,\beta)$ 的后验累积分布函数。如果令

$$\eta_0(\lambda_0,\beta)=\begin{cases}1, & \eta(\lambda_0,\beta)\leqslant\eta^*\\ 0, & \eta(\lambda_0,\beta)>\eta^*\end{cases}\tag{5.18}$$

则对于给定的 η^*，有

$$\Pi(\eta^*\mid t)=E_{\lambda_0,\beta\mid t}[\eta_0(\lambda_0,\beta)]=\frac{\sum_{i=1}^{M}\eta_0(\lambda_{0,i},\beta_i)\delta(\lambda_{0,i},\beta_i)}{\sum_{i=1}^{M}\delta(\lambda_{0,i},\beta_i)}\tag{5.19}$$

将样本 $\{\eta_i=\eta(\lambda_{0,i},\beta_i),i=1,\cdots,M\}$ 按照由小到大的顺序 $\eta_{(1)}<\cdots<\eta_{(m)}$ 排序为 $\{\eta_{(i)},i=1,\cdots,M\}$，记权函数为

$$w_i=\frac{\delta(\lambda_{0,i},\beta_i)}{\sum_{i=1}^{M}\delta(\lambda_{0,i},\beta_i)},\ i=1,\cdots,M\tag{5.20}$$

把与 $\eta_{(i)}$ 相应的 w_i 记为 $w_{(i)}$。于是，$\eta(\lambda_0,\beta)$ 的加权经验分布函数为

$$\hat{\Pi}(\eta^*\mid t)=\begin{cases}0, & \eta^*<\eta_{(1)}\\ \sum_{j=1}^{i}w_{(j)}, & \eta_{(i)}\leqslant\eta^*<\eta_{(i+1)}\\ 1, & \eta^*\geqslant\eta_{(M)}\end{cases}\tag{5.21}$$

$\eta(\lambda_0,\beta)$ 的 γ 分位点 $\hat{\eta}^{(\gamma)}$ 的估计为

$$\hat{\eta}^{(\gamma)}=\begin{cases}\eta_{(1)}, & \gamma=0\\ \eta_{(i)}, & \sum_{j=1}^{i-1}w_{(j)}<\gamma\leqslant\sum_{j=1}^{i}w_{(j)}\end{cases}\tag{5.22}$$

将式(5.22)中的 γ 分别取为 $\alpha/2$ 和 $1-\alpha/2$，就可以得到 $\eta(\lambda_0,\beta)$ 的可信水平为 $1-\alpha$ 的贝叶斯可信区间为

$$(\hat{\eta}^{(\alpha/2)},\hat{\eta}^{(1-\alpha/2)})\tag{5.23}$$

而 $\eta(\lambda_0,\beta)$ 的可信水平为 $1-\alpha$ 的贝叶斯 HPD 区间为

$$(\hat{\eta}^{(j^*/M)},\hat{\eta}^{(\{j^*+[(1-\alpha)M]\}/M)})\tag{5.24}$$

其中，j^* 满足式(5.25)。

$$\hat{\eta}^{(\{j^*+[(1-\alpha)M]\}/M)}-\hat{\eta}^{(j^*/M)}=\min_{1\leqslant j\leqslant M-[(1-\alpha)M]}(\hat{\eta}^{(\{j+[(1-\alpha)M]\}/M)}-\hat{\eta}^{(j/M)})\tag{5.25}$$

5.3 PLP 模型参数的函数的后验分析

与第 3,4 章一样，本节将基于自然共轭先验对第 2 章中所提及 PLP 模型参数的函数进行一些贝叶斯分析。

1. 强度函数

对于本章所讨论的PLP模型,可修系统的当前强度(可修系统在截尾时间 y 处的强度函数值)为

$$\lambda_y=\lambda_0\beta y^{\beta-1} \tag{5.26}$$

而可修系统在此后时间段$(y,y+t_0]$内的当前系统可靠度仍为式(2.14)。若可修系统在截尾时间 y 之后的失效仍服从PLP模型,则系统在 $\tau(\tau>y)$ 时的强度函数值为

$$\lambda_\tau=\lambda_0\beta\tau^{\beta-1} \tag{5.27}$$

同样称之为未来强度。如果令 $\tau=y$,此时的 $\lambda_\tau=\lambda_y$,也即当前强度是未来强度在 $\tau=y$ 时的特殊情况。

此外,MTBF与强度函数之间也仍互为倒数关系。

2. 系统可靠度

根据第2章中系统可靠度的定义,可知可修系统在时间段$(s_1,s_2]$内发生 $N(s_1,s_2)=r(r=0,1,2,\cdots)$ 次失效的概率为

$$P\{N(s_1,s_2)=r|\lambda_0,\beta\}=\frac{1}{r!}(\lambda_0 s_2^{\beta}-\lambda_0 s_1^{\beta})^r\exp\{-(\lambda_0 s_2^{\beta}-\lambda_0 s_1^{\beta})\} \tag{5.28}$$

由式(5.28)可知可修系统在时间段$(s_1,s_2]$内的系统可靠度 $R(s_1,s_2)$ 为

$$R(s_1,s_2)=P\{N(s_1,s_2)=0|\lambda_0,\beta\}=\exp\{-(\lambda_0 s_2^{\beta}-\lambda_0 s_1^{\beta})\} \tag{5.29}$$

3. 期望失效次数

在时间段$(s_1,s_2]$内,可修系统的期望失效次数为 $m(s_1,s_2)=\lambda_0 s_2^{\beta}-\lambda_0 s_1^{\beta}$,对比式(5.29)可以发现 $R(s_1,s_2)=\exp\{-m(s_1,s_2)\}$。

总之,针对上述一些PLP模型参数(λ_0,β)的函数 $\eta(\lambda_0,\beta)$,基于样本$\{(\lambda_{0,i},\beta_i),i=1,\cdots,M\}$,利用5.2节中的方法就可以简单、快捷地对它们进行贝叶斯后验分析:式(5.17)给出了在平方损失函数下 $\eta(\lambda_0,\beta)$ 的贝叶斯估计值,式(5.23)和式(5.24)分别给出了 $\eta(\Lambda_0,\beta)$ 的贝叶斯可信区间和贝叶斯HPD区间。

5.4 PLP模型参数的函数的后验均值的灵敏度分析

自然共轭先验中的超参数是利用先验矩(E_{λ_0},CV_{λ_0},E_β 和 CV_β)并结合式(5.9)~式(5.12)来确定的,如果了解先验矩的变化对函数 $\eta(\lambda_0,\beta)$ 的贝叶斯后验均值所产生的影响,将会有助于先验矩的选择。考虑到式(5.9)~式(5.12)以及式(5.16)的复杂性,很难得到先验矩对函数 $\eta(\lambda_0,\beta)$ 的贝叶斯后验均值所产生影响的定量分析结果。然而,研究自然共轭先验中超参数的变化对函数 $\eta(\lambda_0,\beta)$ 的贝叶斯后验均值所产生影响却是可行的,因此可以间接利用超参数对函数 $\eta(\lambda_0,\beta)$ 的贝叶斯后验均值所产生影响的定量分析结果来指导自然共轭先验分布中先验矩的选择。

为了研究自然共轭先验中超参数的变化对PLP模型参数的函数 $\eta(\lambda_0,\beta)$ 的贝叶斯后验均值所产生的影响,这里将自然共轭先验中超参数的变化所引起PLP模型参数的函数 $\eta(\lambda_0,\beta)$ 的贝叶斯后验均值变化的比率定义为PLP模型参数的函数 $\eta(\lambda_0,\beta)$ 的后验均值的灵敏度,其

数学表达式为$\frac{\partial E_{\lambda_0,\beta|t}[\eta(\lambda_0,\beta)]}{\partial \xi}$，其中 ξ 表示超参数 m，α，y_m 或 c，结合式(5.16)可以得到

$$\frac{\partial E_{\lambda_0,\beta|t}[\eta(\lambda_0,\beta)]}{\partial \xi}=\frac{\partial}{\partial \xi}\left[\frac{\int_0^{\infty}\int_0^{\infty}\eta(\lambda_0,\beta)\pi_0(\lambda_0,\beta\mid t)\mathrm{d}\lambda_0\mathrm{d}\beta}{\int_0^{\infty}\int_0^{\infty}\pi_0(\lambda_0,\beta\mid t)\mathrm{d}\lambda_0\mathrm{d}\beta}\right] \tag{5.30}$$

将 $\pi_0(\lambda_0,\beta|t)$的表达式代入式(5.30)，并利用多元复合函数的求导法则可得

$$\begin{aligned}\frac{\partial E_{\lambda_0,\beta|t}[\eta(\lambda_0,\beta)]}{\partial \xi}=&\frac{\frac{\partial}{\partial \xi}\left(\int_0^{\infty}\int_0^{\infty}\eta(\lambda_0,\beta)\pi_0(\lambda_0,\beta\mid t)\mathrm{d}\lambda_0\mathrm{d}\beta\right)}{\int_0^{\infty}\int_0^{\infty}\pi_0(\lambda_0,\beta\mid t)\mathrm{d}\lambda_0\mathrm{d}\beta}-\\&\frac{\int_0^{\infty}\int_0^{\infty}\eta(\lambda_0,\beta)\pi_0(\lambda_0,\beta\mid t)\mathrm{d}\lambda_0\mathrm{d}\beta}{\left[\int_0^{\infty}\int_0^{\infty}\pi_0(\lambda_0,\beta\mid t)\mathrm{d}\lambda_0\mathrm{d}\beta\right]^2}\frac{\partial}{\partial \xi}\left(\int_0^{\infty}\int_0^{\infty}\pi_0(\lambda_0,\beta\mid t)\mathrm{d}\lambda_0\mathrm{d}\beta\right)\end{aligned} \tag{5.31}$$

将式(5.31)化简和整理后，可以依次得到函数 $\eta(\lambda_0,\beta)$后验均值分别对超参数 m，α，y_m 和 c 的灵敏度分析结果为

$$\begin{aligned}\frac{\partial E_{\lambda_0,\beta|t}[\eta(\lambda_0,\beta)]}{\partial m}=&E_{\lambda_0,\beta|t}\{[\ln(\beta)+\ln(\lambda_0)+\beta\ln(y_m)]\eta(\lambda_0,\beta)\}-\\&E_{\lambda_0,\beta|t}[\eta(\lambda_0,\beta)]E_{\lambda_0,\beta|t}[\ln(\beta)+\ln(\lambda_0)+\beta\ln(y_m)]\end{aligned} \tag{5.32}$$

$$\frac{\partial E_{\lambda_0,\beta|t}[\eta(\lambda_0,\beta)]}{\partial \alpha}=E_{\lambda_0,\beta|t}(\beta)E_{\lambda_0,\beta|t}[\eta(\lambda_0,\beta)]-E_{\lambda_0,\beta|t}[\beta\eta(\lambda_0,\beta)] \tag{5.33}$$

$$\begin{aligned}\frac{\partial E_{\lambda_0,\beta|t}[\eta(\lambda_0,\beta)]}{\partial y_m}=&E_{\lambda_0,\beta|t}\left[\left(\frac{\beta m}{y_m}-\lambda_0 c\beta {y_m}^{\beta-1}\right)\eta(\lambda_0,\beta)\right]-\\&E_{\lambda_0,\beta|t}\left(\frac{\beta m}{y_m}-\lambda_0 c\beta {y_m}^{\beta-1}\right)E_{\lambda_0,\beta|t}[\eta(\lambda_0,\beta)]\end{aligned} \tag{5.34}$$

$$\frac{\partial E_{\lambda_0,\beta|t}[\eta(\lambda_0,\beta)]}{\partial c}=E_{\lambda_0,\beta|t}[(-\lambda_0 {y_m}^{\beta})\eta(\lambda_0,\beta)]-E_{\lambda_0,\beta|t}(-\lambda_0 {y_m}^{\beta})E_{\lambda_0,\beta|t}[\eta(\lambda_0,\beta)] \tag{5.35}$$

将式(5.32)～式(5.35)结合式(5.17)，在给定超参数 m，α，y_m 和 c 的一组取值下，可以得到灵敏度$\frac{\partial E_{\lambda_0,\beta|t}[\eta(\lambda_0,\beta)]}{\partial \xi}$的具体结果。因此，在给定超参数 m，α，y_m 和 c 的多组取值时，便可以得到灵敏度$\frac{\partial E_{\lambda_0,\beta|t}[\eta(\lambda_0,\beta)]}{\partial \xi}$随各超参数变化的函数关系。

5.5　可修系统的预测分析

本节将针对第 2 章中失效次数、失效时间的预测，在自然共轭先验下分别给出可修系统在单、双样预测情况下的贝叶斯分析结果。

5.5.1 失效次数的预测

由式(5.28)和式(5.14)可知,可修系统在时间段$(s_1,s_2]$内的失效次数$N(s_1,s_2)$的预测分布为

$$P\{N(s_1,s_2)=r\mid \boldsymbol{t}\}=\int_0^\infty\int_0^\infty P\{N(s_1,s_2)=r\mid \lambda_0,\beta\}\pi(\lambda_0,\beta\mid \boldsymbol{t})\mathrm{d}\lambda_0\mathrm{d}\beta \tag{5.36}$$

再结合式(5.17)可以得到

$$\begin{aligned}P\{N(s_1,s_2)=r|\boldsymbol{t}\}&=E_{\lambda_0,\beta|\boldsymbol{t}}[P\{N(s_1,s_2)=r|\lambda_0,\beta\}]\\&=\frac{\sum_{i=1}^{M}P\{N(s_1,s_2)=r\mid\lambda_0,\beta\}\delta(\lambda_{0,i},\beta_i)}{\sum_{i=1}^{M}\delta(\lambda_{0,i},\beta_i)}\end{aligned} \tag{5.37}$$

因此,对于可修系统在单、双样预测情况下失效次数的预测分布有如下结果:

1. 单样预测

所试验可修系统在时间段$(y,s_2]$内发生$N(y,s_2)=r(r=0,1,2,\cdots)$次失效的概率为

$$P\{N(y,s_2)=r|\boldsymbol{t}\}=\frac{\sum_{i=1}^{M}\frac{(\lambda_0 s_2{}^{\beta}-\lambda_0 y^{\beta})^r}{r!}\exp\{-(\lambda_0 s_2{}^{\beta}-\lambda_0 y^{\beta})\}\delta(\lambda_{0,i},\beta_i)}{\sum_{i=1}^{M}\delta(\lambda_{0,i},\beta_i)} \tag{5.38}$$

2. 双样预测

同型可修系统在时间段$(0,s]$内发生$N(0,s)=r(r=0,1,2,\cdots)$次失效的概率为

$$P\{N(0,s)=r|\boldsymbol{t}\}=\frac{\sum_{i=1}^{M}\frac{(\lambda_0 s^{\beta})^r}{r!}\exp\{-\lambda_0 s^{\beta}\}\delta(\lambda_{0,i},\beta_i)}{\sum_{i=1}^{M}\delta(\lambda_{0,i},\beta_i)} \tag{5.39}$$

5.5.2 失效时间的预测

1. 单样预测

利用式(5.1)和式(3.26)可以给出所试验可修系统在截尾时间y之后可能发生第$r(r=1,2,\cdots)$次失效的时间T_{n+r}的预测分布为

$$P\{T_{n+r}\leqslant \iota|\boldsymbol{t}\}=E_{\lambda_0,\beta|\boldsymbol{t}}[G_\Gamma(\lambda_0\iota^{\beta}-\lambda_0 y^{\beta};r,1)],\ \iota\geqslant y \tag{5.40}$$

利用式(5.16)可以得到式(5.40)的数值解为

$$P\{T_{n+r}\leqslant \iota|\boldsymbol{t}\}=\frac{\sum_{i=1}^{M}[G_\Gamma(\lambda_0\iota^{\beta}-\lambda_0 y^{\beta};r,1)]\delta(\lambda_{0,i},\beta_i)}{\sum_{i=1}^{M}\delta(\lambda_{0,i},\beta_i)} \tag{5.41}$$

此外，利用式(5.40)和式(2.27)还可以获得可修系统在未来发生第 r 次失效的间隔时间 $Z_{n+r}=T_{n+r}-y$ 的预测分布。

2. 双样预测

利用式(5.1)和式(3.30)可以给出与所试验系统同型的可修系统发生第 $r(r=1,2,\cdots)$ 次失效的时间 W_r 的预测分布为

$$P\{W_r\leqslant w\mid \boldsymbol{t}\}=E_{\lambda_0,\beta\mid \boldsymbol{t}}[G_\Gamma(\lambda_0 w^\beta;r,1)] \tag{5.42}$$

利用式(5.16)可以得到式(5.42)的数值解为

$$P\{W_r\leqslant w\mid \boldsymbol{t}\}=\frac{\sum_{i=1}^{M}G_\Gamma(\lambda_0 w^\beta;r,1)\delta(\lambda_{0,i},\beta_i)}{\sum_{i=1}^{M}\delta(\lambda_{0,i},\beta_i)} \tag{5.43}$$

5.6　算例分析

5.6.1　数值模拟算例

这里以 $\lambda_0=0.948$ 和 $\beta=0.56$ 的 PLP 模型在 $y=200$ 时所产生的 500 组模拟样本为例，分析当 $y=200,\tau=300$ 时 PLP 模型的参数 β 和强度函数。由 $\lambda_0=0.948$ 和 $\beta=0.56$ 可以计算出 $y=200$ 和 $\tau=300$ 时的强度函数值 λ_y 和 λ_τ，见表 5.1，本节将以此为真值并作为对比的基础。

利用参数 λ_0 和 β 的 MLE 可以计算出的 λ_y 和 λ_τ 的 MLE，并将 β,λ_y 和 λ_τ 的 MLE 的平均值和相对均方误差(括号中数据)列于表 5.1。基于无信息先验，利用模拟样本可以计算出 β,λ_y 和 λ_τ 在平方损失函数下的贝叶斯估计值的平均值和相对均方误差(括号中数据)，可信水平为 0.90 的贝叶斯可信区间以及贝叶斯 HPD 区间的区间覆盖率(贝叶斯区间包含真值的概率)和平均区间长度(括号中数据)，见表 5.1。对比 β(或 λ_y,λ_τ) 的 MLE 和无信息先验下的贝叶斯估计，发现二者的结果相差不大。

表 5.1　MLE 和无信息先验下的贝叶斯分析结果

真值		β	λ_y	λ_τ
		0.56	0.051 6	0.043 2
MLE		0.606(0.076 3)	0.056 5(0.129)	0.048 9(0.192)
贝叶斯后验分析结果	贝叶斯估计	0.606(0.076 4)	0.056 5(0.129)	0.049 7(0.206)
	贝叶斯可信区间	0.916(0.468)	0.914(0.060 0)	0.918(0.060 3)
	HPD 区间	0.910(0.460)	0.908(0.057 6)	0.912(0.056 7)

当超参数不为 0 时，为了研究自然共轭先验中超参数的变化对 $E_{\lambda_0,\beta|t}[\eta(\lambda_0,\beta)]$ 所产生的影响，这里以 $E_{\lambda_0}=0.948$，$CV_{\lambda_0}=0.6$，$E_\beta=0.56$，$CV_\beta=0.4$ 时超参数的取值（$m=6.250$，$\alpha=11.161$，$y_m=8.187$ 和 $c=2.242$）为基础来对 β,λ_y 和 λ_τ 的后验均值的灵敏度进行分析。利用 5.4 节中的灵敏度分析方法，可以得到 $E_{\lambda_0,\beta|t}(\beta)$，$E_{\lambda_0,\beta|t}(\lambda_y)$ 和 $E_{\lambda_0,\beta|t}(\lambda_\tau)$ 的灵敏度随超参数变化的曲线关系。

针对模拟样本，图 5.1～图 5.24 依次给出了 β,λ_y 和 λ_τ 的后验均值的平均值及其灵敏度均值分别随超参数 m,α,y_m 和 c 变化的曲线。

从图 5.2 可以看出，$\frac{\partial E_{\lambda_0,\beta|t}(\beta)}{\partial m}<0$，且 $\frac{\partial E_{\lambda_0,\beta|t}(\beta)}{\partial m}$ 的平均值随 m 的增大而增大，由此变化趋势可以看出 $E_{\lambda_0,\beta|t}(\beta)$ 的平均值将随 m 的增大而逐渐平滑地减小，如图 5.1 所示；从图 5.4 和图 5.6 可以看出，$\frac{\partial E_{\lambda_0,\beta|t}(\lambda_y)}{\partial m}>0$ 和 $\frac{\partial E_{\lambda_0,\beta|t}(\lambda_\tau)}{\partial m}>0$，且 $\frac{\partial E_{\lambda_0,\beta|t}(\lambda_y)}{\partial m}$ 和 $\frac{\partial E_{\lambda_0,\beta|t}(\lambda_\tau)}{\partial m}$ 的平均值都会随 m 的增大而增大，只是当 m 较大时曲线会出现一定的振荡，由此变化趋势可以看出 $E_{\lambda_0,\beta|t}(\lambda_y)$ 和 $E_{\lambda_0,\beta|t}(\lambda_\tau)$ 的平均值也都将随 m 的增大而逐渐快速增大，如图 5.3 和图 5.5 所示。

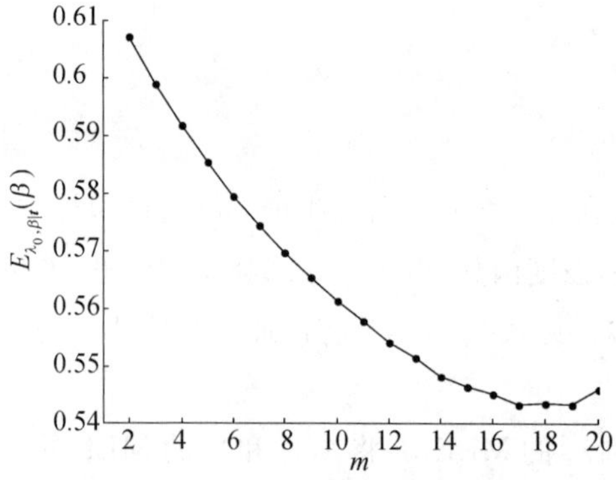

图 5.1　$E_{\lambda_0,\beta|t}(\beta)$ 随 m 变化的曲线

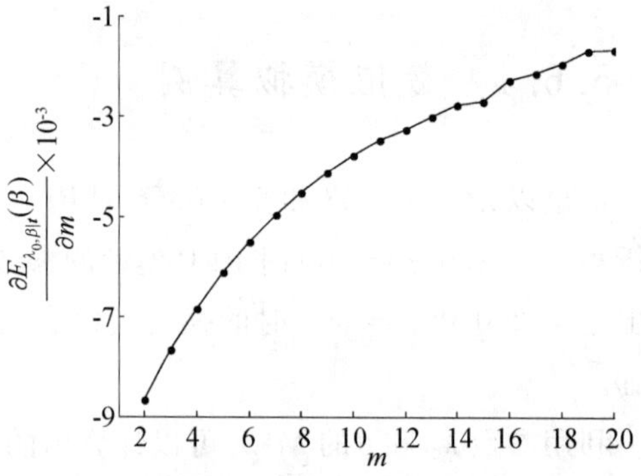

图 5.2　$\frac{\partial E_{\lambda_0,\beta|t}(\beta)}{\partial m}$ 随 m 变化的曲线

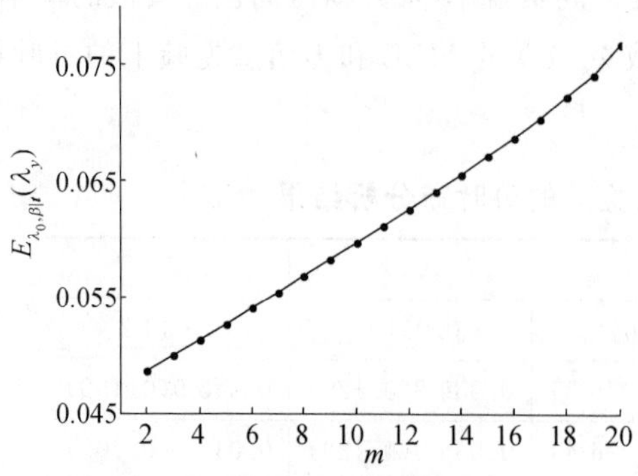

图 5.3　$E_{\lambda_0,\beta|t}(\lambda_y)$ 随 m 变化的曲线

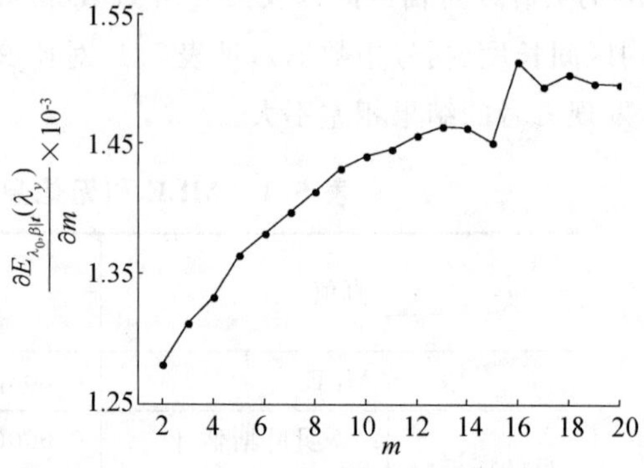

图 5.4　$\frac{\partial E_{\lambda_0,\beta|t}(\lambda_y)}{\partial m}$ 随 m 变化的曲线

从图 5.8、图 5.10 和图 5.12 可以看出，$\frac{\partial E_{\lambda_0,\beta|t}(\beta)}{\partial \alpha}$，$\frac{\partial E_{\lambda_0,\beta|t}(\lambda_y)}{\partial \alpha}$和$\frac{\partial E_{\lambda_0,\beta|t}(\lambda_\tau)}{\partial \alpha}$均小于 0，且它们的平均值都随 α 的增大而平滑地增大，由此变化趋势可以看出 $E_{\lambda_0,\beta|t}(\beta)$，$E_{\lambda_0,\beta|t}(\lambda_y)$和 $E_{\lambda_0,\beta|t}(\lambda_\tau)$的平均值都将随 α 的增大而平滑地减小，如图 5.7、图 5.9 和图 5.11 所示。

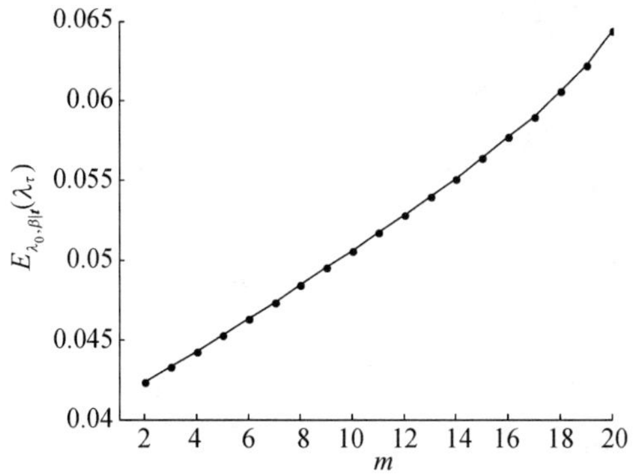

图 5.5　$E_{\lambda_0,\beta|t}(\lambda_\tau)$随 m 变化的曲线

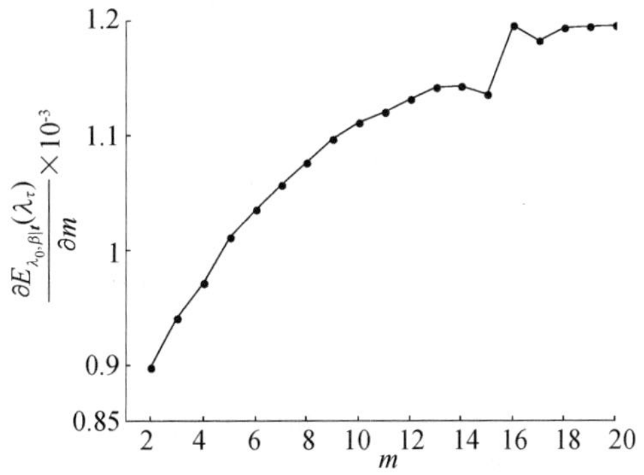

图 5.6　$\frac{\partial E_{\lambda_0,\beta|t}(\lambda_\tau)}{\partial m}$随 m 变化的曲线

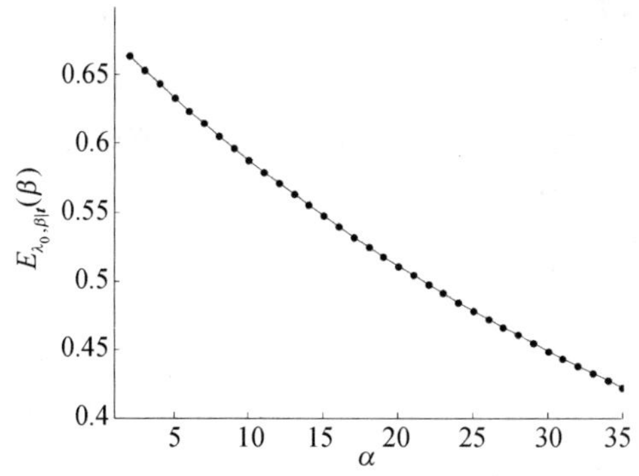

图 5.7　$E_{\lambda_0,\beta|t}(\beta)$随 α 变化的曲线

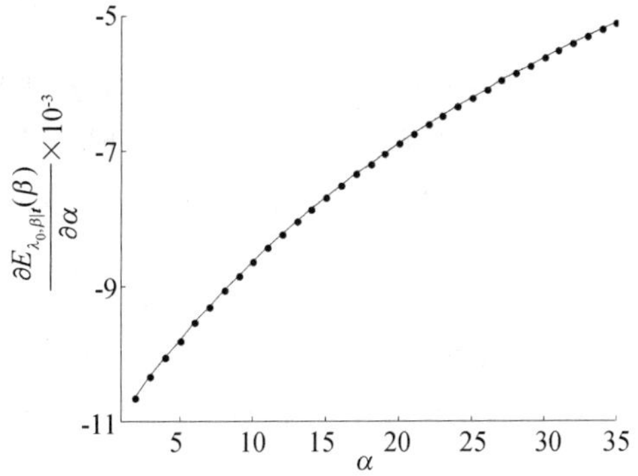

图 5.8　$\frac{\partial E_{\lambda_0,\beta|t}(\beta)}{\partial \alpha}$随 α 变化的曲线

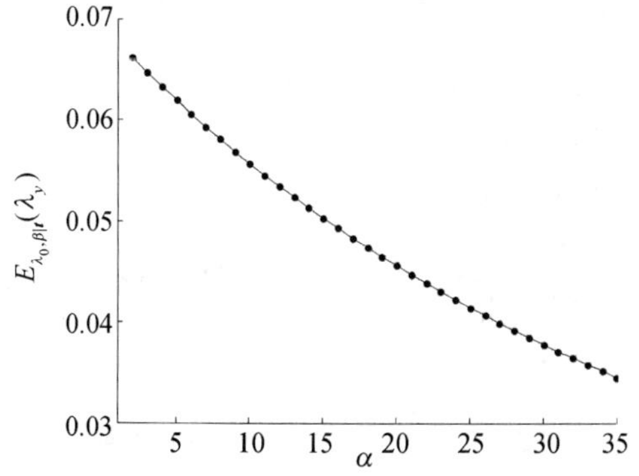

图 5.9　$E_{\lambda_0,\beta|t}(\lambda_y)$随 α 变化的曲线

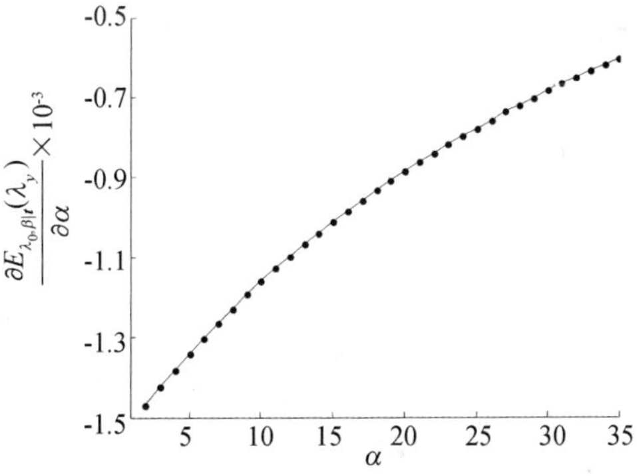

图 5.10　$\frac{\partial E_{\lambda_0,\beta|t}(\lambda_y)}{\partial \alpha}$随 α 变化的曲线

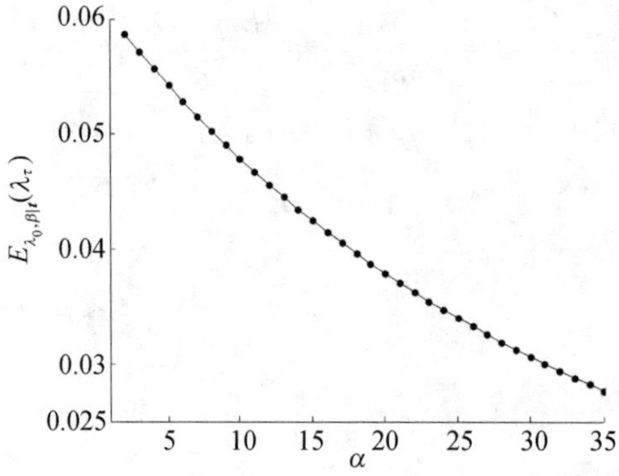

图 5.11　$E_{\lambda_0,\beta|t}(\lambda_\tau)$随 α 的变化曲线

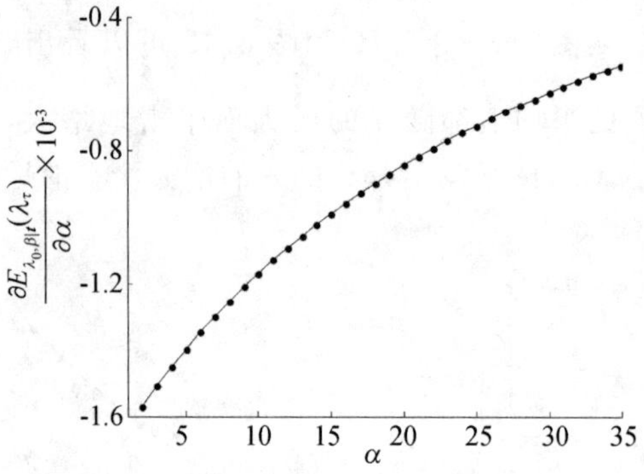

图 5.12　$\frac{\partial E_{\lambda_0,\beta|t}(\lambda_\tau)}{\partial \alpha}$随 α 的变化曲线

从图 5.14、图 5.16 和图 5.18 可以看出，$\frac{\partial E_{\lambda_0,\beta|t}(\beta)}{\partial y_m}$，$\frac{\partial E_{\lambda_0,\beta|t}(\lambda_y)}{\partial y_m}$和$\frac{\partial E_{\lambda_0,\beta|t}(\lambda_\tau)}{\partial y_m}$的平均值都随 y_m 的增大而减小，且 y_m 越小这种减小的程度越大，不同的是$\frac{\partial E_{\lambda_0,\beta|t}(\beta)}{\partial y_m}>0$，而当 y_m 的取值超过一定值时$\frac{\partial E_{\lambda_0,\beta|t}(\lambda_y)}{\partial y_m}$和$\frac{\partial E_{\lambda_0,\beta|t}(\lambda_\tau)}{\partial y_m}$的平均值则会减小成为负值。由此变化趋势可以看出：$E_{\lambda_0,\beta|t}(\beta)$的平均值将随 y_m 的增大呈现平稳的增加趋势，如图 5.13 所示；$E_{\lambda_0,\beta|t}(\lambda_y)$和$E_{\lambda_0,\beta|t}(\lambda_\tau)$的平均值则先随 y_m 增大呈现快速增长趋势，而当 y_m 的增大到一定值时则又随 y_m 的增大呈现平滑地减小趋势，如图 5.15 和图 5.17 所示。

从图 5.20、图 5.22 和图 5.24 可以看出，$\frac{\partial E_{\lambda_0,\beta|t}(\beta)}{\partial c}$，$\frac{\partial E_{\lambda_0,\beta|t}(\lambda_y)}{\partial c}$和$\frac{\partial E_{\lambda_0,\beta|t}(\lambda_\tau)}{\partial c}$均大于 0，并且它们的平均值都随 c 的增大而平滑地减小，由此变化趋势可以看出，$E_{\lambda_0,\beta|t}(\beta)$，$E_{\lambda_0,\beta|t}(\lambda_y)$和$E_{\lambda_0,\beta|t}(\lambda_\tau)$的平均值均随 c 的增大呈现平稳的增长趋势，如图 5.19、图 5.21 和图 5.23 所示。

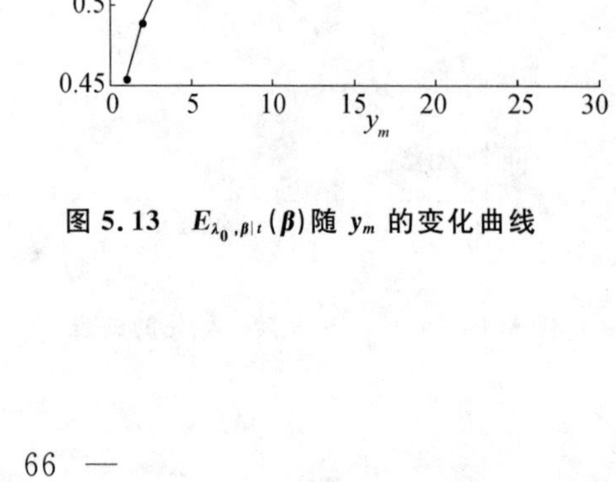

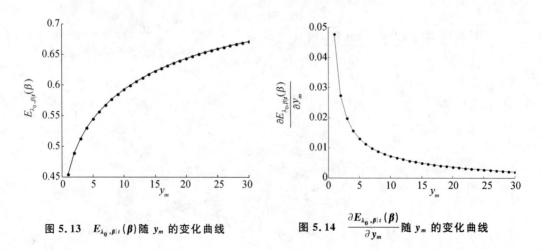

图 5.13　$E_{\lambda_0,\beta|t}(\beta)$随 y_m 的变化曲线

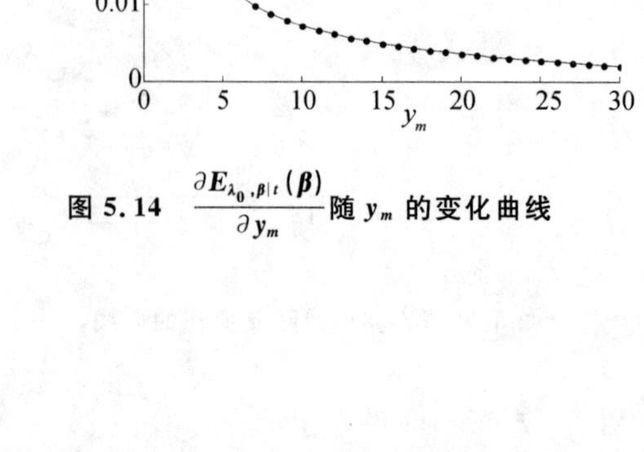

图 5.14　$\frac{\partial E_{\lambda_0,\beta|t}(\beta)}{\partial y_m}$随 y_m 的变化曲线

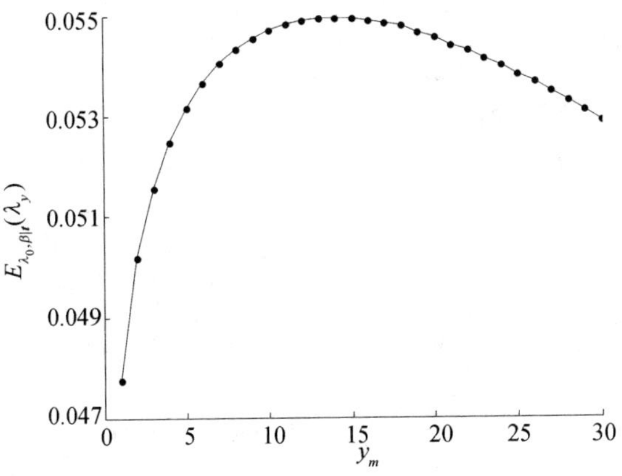

图 5.15　$E_{\lambda_0,\beta|t}(\lambda_y)$随 y_m 变化的曲线

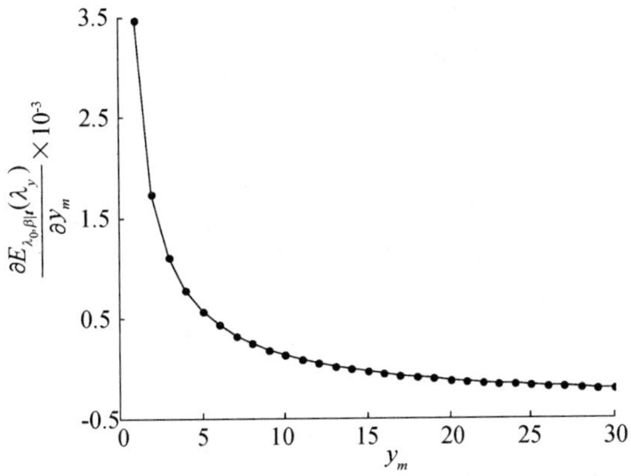

图 5.16　$\frac{\partial E_{\lambda_0,\beta|t}(\lambda_y)}{\partial y_m}$随 y_m 变化的曲线

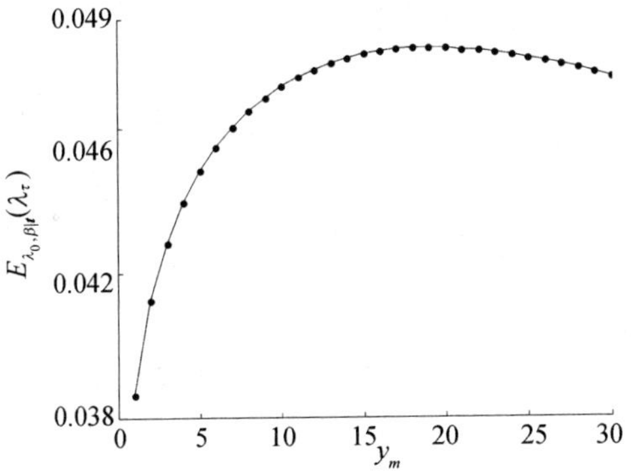

图 5.17　$E_{\lambda_0,\beta|t}(\lambda_\tau)$随 y_m 变化的曲线

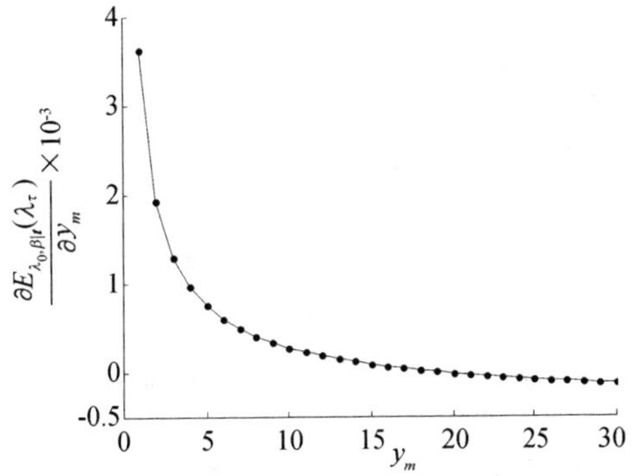

图 5.18　$\frac{\partial E_{\lambda_0,\beta|t}(\lambda_\tau)}{\partial y_m}$随 y_m 变化的曲线

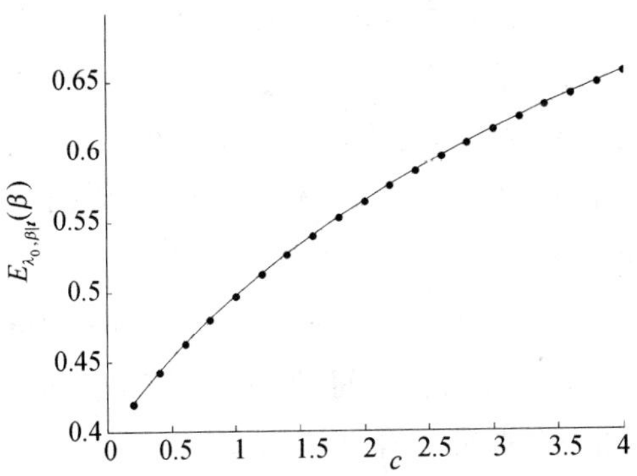

图 5.19　$E_{\lambda_0,\beta|t}(\beta)$随 c 变化的曲线

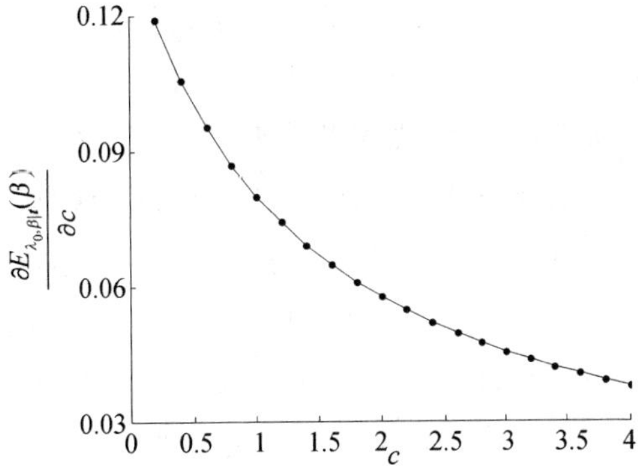

图 5.20　$\frac{\partial E_{\lambda_0,\beta|t}(\beta)}{\partial c}$随 c 变化的曲线

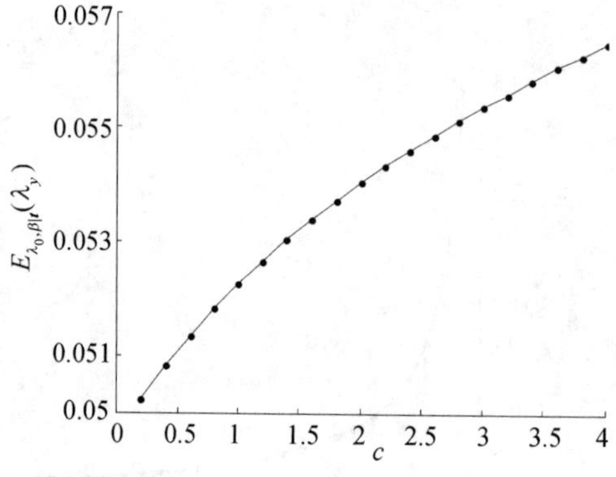

图 5.21 $E_{\lambda_0,\beta|t}(\lambda_y)$ 随 c 变化的曲线

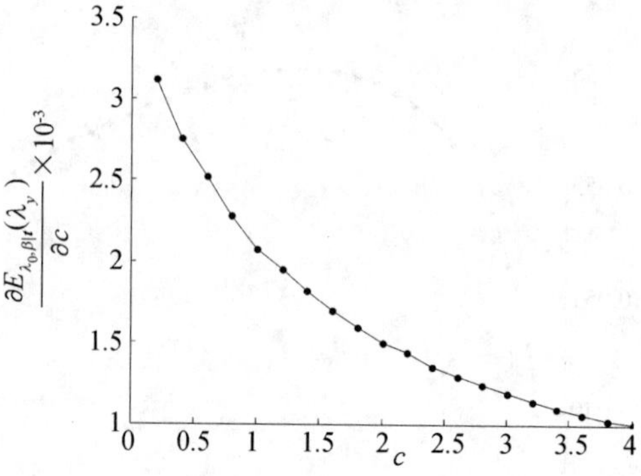

图 5.22 $\frac{\partial E_{\lambda_0,\beta|t}(\lambda_y)}{\partial c}$ 随 c 变化的曲线

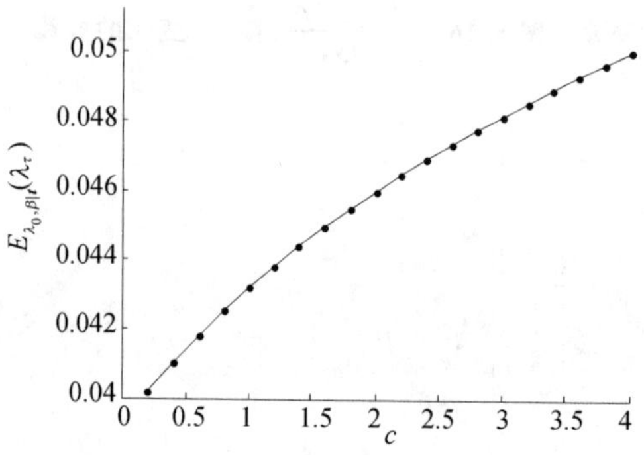

图 5.23 $E_{\lambda_0,\beta|t}(\lambda_\tau)$ 随 c 变化的曲线

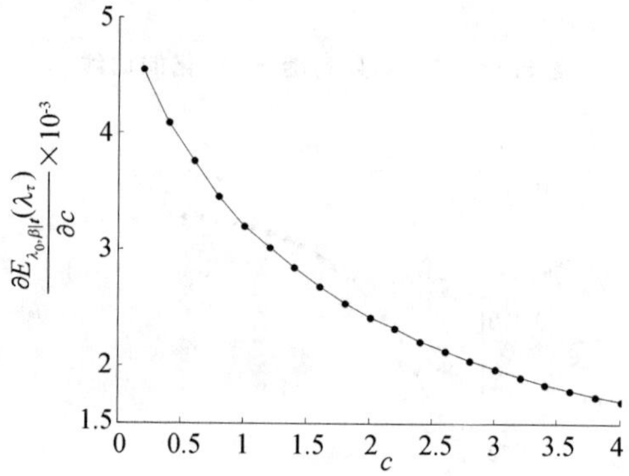

图 5.24 $\frac{\partial E_{\lambda_0,\beta|t}(\lambda_\tau)}{\partial c}$ 随 c 变化的曲线

此外，从上述分析中还可以看出：超参数 m,α,y_m 和 c 中任何一个发生变化都会对 $E_{\lambda_0,\beta|t}(\beta)$ 产生明显的影响；在超参数 m,α,y_m 和 c 对 $E_{\lambda_0,\beta|t}(\lambda_y)$ 的影响中，c 的变化对 $E_{\lambda_0,\beta|t}(\lambda_y)$ 的平均值的影响最小，m 和 α 的变化对 $E_{\lambda_0,\beta|t}(\lambda_y)$ 的平均值的影响最大，而 y_m 的变化对 $E_{\lambda_0,\beta|t}(\lambda_y)$ 的平均值的影响则与 y_m 取值大小有关，y_m 取值过大或过小都会产生较大影响；各个超参数对 $E_{\lambda_0,\beta|t}(\lambda_\tau)$ 的影响则与对 $E_{\lambda_0,\beta|t}(\lambda_y)$ 的影响是相似的。

5.4 节针对自然共轭先验中超参数对 PLP 模型参数的函数的后验均值所产生的影响给出了定量分析方法，下面将对超参数的一些具体取值给出分析结果，并针对超参数对 PLP 模型参数的函数的贝叶斯区间分析所产生的影响给出一些定性分析。

表 5.2 和表 5.3 中列出了一些具体超参数取值下 β,λ_y 和 λ_τ 的贝叶斯估计值的平均值和相对均方误差（括号中数据），以及可信水平为 0.90 的贝叶斯可信区间、贝叶斯 HPD 区间的区间覆盖率和平均区间长度（括号中数据）。从表 5.2 和表 5.3 可以看出：在给定其他超参数值时，随着 c 值的增大，λ_y（或 λ_τ）的贝叶斯估计值的平均值在增大的同时偏离真值的程度也在加大，其相对均方误差也相应变大，而贝叶斯区间精度则随之降低；对于其他超参数取值情况（y_m 仅考虑 $y_m<14$ 时的情况），随着超参数的取值偏离情况 1，β,λ_y 和 λ_τ 的贝叶斯估计值的平均值都偏离各自的真值，其相对均方误差也都增大，且它们的贝叶斯区间精度也随之降低。

表 5.2　不同超参数取值下贝叶斯估计的平均值和相对均方误差

情况	m	α	y_m	c	β	λ_y	λ_τ
1	6.250	11.161	8.187	2.242	0.578 (0.014 8)	0.054 4 (0.087 2)	0.046 6 (0.109)
2	3.000	11.161	8.187	2.242	0.599 (0.024 6)	0.050 0 (0.091 2)	0.043 3 (0.114)
3	10.000	11.161	8.187	2.242	0.561 (0.009 8)	0.059 7 (0.104)	0.050 6 (0.125)
4	6.250	5.000	8.187	2.242	0.634 (0.034 2)	0.061 9 (0.141)	0.054 3 (0.197)
5	6.250	20.000	8.187	2.242	0.511 (0.018 8)	0.045 6 (0.080 0)	0.037 9 (0.090 2)
6	6.250	11.161	2.000	2.242	0.489 (0.023 3)	0.050 2 (0.066 8)	0.041 3 (0.073 9)
7	6.250	11.161	13.000	2.242	0.612 (0.026 3)	0.054 9 (0.094 7)	0.047 8 (0.128)
8	6.250	11.161	8.187	1.000	0.497 (0.023 6)	0.052 3 (0.070 8)	0.043 2 (0.079 9)
9	6.250	11.161	8.187	3.000	0.616 (0.025 0)	0.055 4 (0.096 6)	0.048 2 (0.129)

表 5.3　不同超参数取值下贝叶斯区间的区间覆盖率和平均区间长度

情况	β		λ_y		λ_τ	
	贝叶斯可信区间	HPD 区间	贝叶斯可信区间	HPD 区间	贝叶斯可信区间	HPD 区间
1	0.968 (0.299)	0.976 (0.297)	0.928 (0.053 5)	0.916 (0.051 7)	0.930 (0.051 2)	0.920 (0.048 9)
2	0.950 (0.332)	0.960 (0.329)	0.894 (0.052 2)	0.868 (0.050 2)	0.904 (0.049 7)	0.878 (0.047 2)
3	0.988 (0.272)	0.988 (0.270)	0.924 (0.055 3)	0.940 (0.053 5)	0.930 (0.053 3)	0.956 (0.051 0)
4	0.880 (0.323)	0.910 (0.321)	0.900 (0.060 0)	0.922 (0.058 0)	0.896 (0.060 1)	0.930 (0.057 4)
5	0.928 (0.271)	0.904 (0.270)	0.870 (0.045 7)	0.806 (0.044 1)	0.872 (0.041 6)	0.802 (0.039 8)
6	0.862 (0.245)	0.834 (0.243)	0.908 (0.047 5)	0.894 (0.046 1)	0.922 (0.043 9)	0.898 (0.042 1)
7	0.938 (0.323)	0.948 (0.321)	0.924 (0.055 0)	0.916 (0.053 1)	0.926 (0.053 4)	0.930 (0.050 9)
8	0.906 (0.284)	0.866 (0.281)	0.932 (0.050 0)	0.910 (0.048 4)	0.942 (0.046 7)	0.910 (0.044 6)
9	0.924 (0.306)	0.940 (0.304)	0.922 (0.055 1)	0.920 (0.053 3)	0.928 (0.053 4)	0.938 (0.051 0)

综合上述分析可以看出，利用 β、λ_y 和 λ_τ 的后验均值的灵敏度分析结果将有助于确定自然共轭先验中超参数的取值。对比 MLE、无信息先验和自然共轭先验下的贝叶斯分析结果可以看出，通过调整超参数的取值，如情况 1 和 2，就可以得到比 MLE 和无信息先验要满意的贝叶

斯分析结果。因此,PLP模型参数函数的后验均值的灵敏度分析结果可以为自然共轭先验中超参数的选择提供一定的指导,从而有助于自然共轭先验在实际工程中的应用。

5.6.2 实例

在上述具有真值的数值模拟算例验证了本章所提方法的合理性与有效性之后,本节将该方法应用于3.2.3节中实例的分析。这里取 $E_{\lambda_0}=1.1$,$E_\beta=0.39$,$CV_{\lambda_0}=0.6$,$CV_\beta=0.5$,且 $y=160$ h和 $\tau=300$ h。基于无信息先验和自然共轭先验,利用所提方法可以计算出 β,λ_y 和 λ_τ 在平方损失函数下的贝叶斯估计和可信水平为0.90的区间估计,见表5.4。从表5.4中可发现无论是贝叶斯可信区间还是贝叶斯HPD区间,基于自然共轭先验的区间长度都比无信息先验时的区间长度要短,说明了自然共轭先验比无信息先验有效,关于这一点也可以从下面的经验分布函数曲线得知。

表5.4 贝叶斯后验分析结果

		β	λ_y	λ_τ
MLE		0.395	0.019 7	0.013 5
无信息先验	贝叶斯估计	0.395	0.019 7	0.014 0
	后验方差	1.87×10^{-2}	9.96×10^{-5}	6.71×10^{-5}
	贝叶斯可信区间	(0.200,0.640)	(0.007 3,0.038 7)	(0.004 6,0.029 6)
	HPD区间	(0.174,0.606)	(0.005 0,0.034 1)	(0.002 9,0.025 2)
自然共轭先验	贝叶斯估计	0.393	0.019 7	0.013 8
	后验方差	0.939×10^{-2}	8.52×10^{-5}	5.26×10^{-5}
	贝叶斯可信区间	(0.245,0.563)	(0.008 0,0.037 4)	(0.005 0,0.027 9)
	HPD区间	(0.234,0.549)	(0.006 3,0.033 2)	(0.003 5,0.024 2)

利用式(5.21)可以得到 β,λ_y 和 λ_τ 的加权经验分布函数,分别绘制于图5.25～图5.27。

从5.25～图5.27中可以明显看出:除了难以精确模拟的尾分布以外,自然共轭先验下所得 β,λ_y 或 λ_τ 的加权经验分布要比无信息先验下的经验分布更集中一些(即 β,λ_y 或 λ_τ 的取值相对集中),进而也说明了自然共轭先验比无信息先验更为有效。

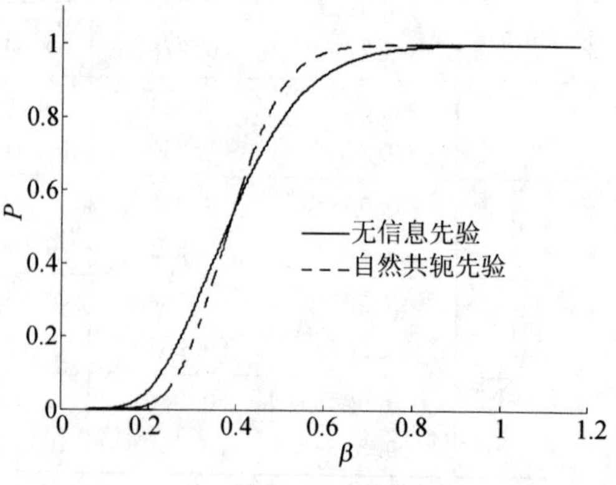

图5.25 β的加权经验分布

至于自然共轭先验的有效性,还可以从估计量的后验方差来判定。利用方差的计算公式

$$\mathrm{Var}_{\lambda_0,\beta|t}[\eta(\lambda_0,\beta)]=E_{\lambda_0,\beta|t}[\eta(\lambda_0,\beta)^2]-\{E_{\lambda_0,\beta|t}[\eta(\lambda_0,\beta)]\}^2 \tag{5.44}$$

并结合式(5.17)，分别可以计算出β,λ_y 或λ_τ 的后验方差，见表5.4。对比表5.4中无信息先验和自然共轭先验下 β,λ_y 或λ_τ 的后验方差，发现在自然共轭先验下估计量的后验方差更小一些，这也体现出自然共轭先验较无信息先验更为有效。

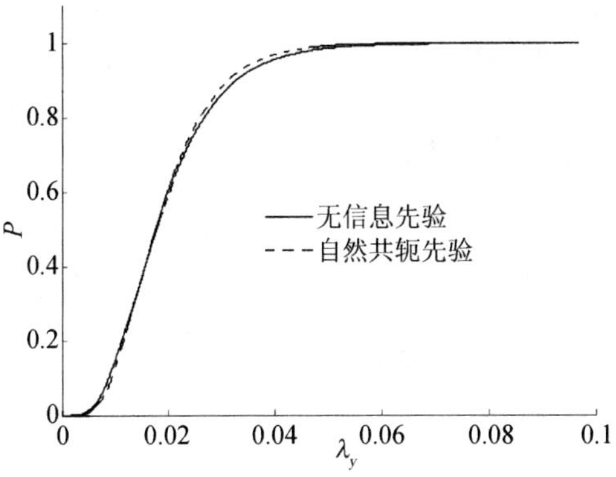

图 5.26　λ_y 的加权经验分布

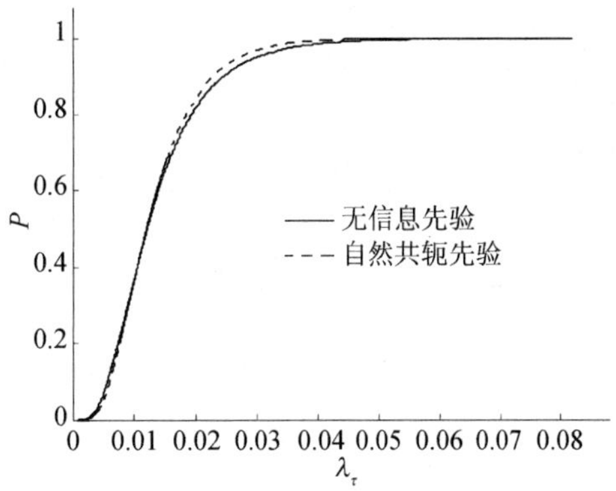

图 5.27　λ_τ 的加权经验分布

此外，基于无信息先验和自然共轭先验，利用5.5节的方法还可以对雷达进行单、双样预测分析，分析结果见图5.28～图5.33。从图中可以看出，在无信息先验和自然共轭先验下所得雷达的预测分析趋势是一致的。

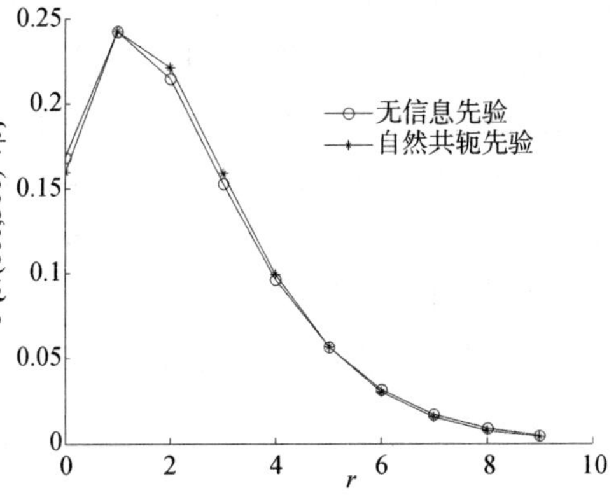

图 5.28　$N(160,300)$ 的预测分布

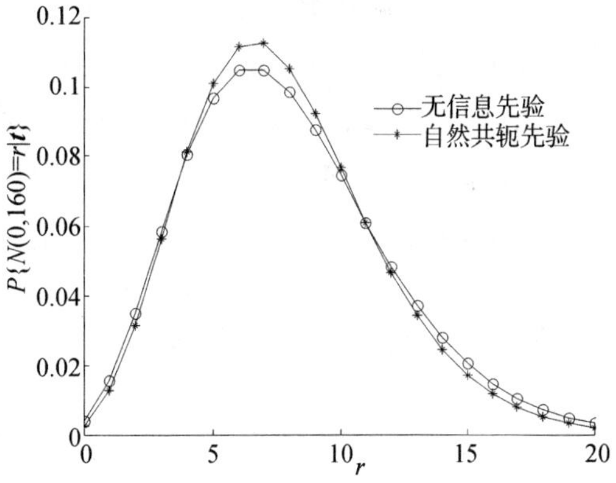

图 5.29　$N(0,160)$ 的预测分布

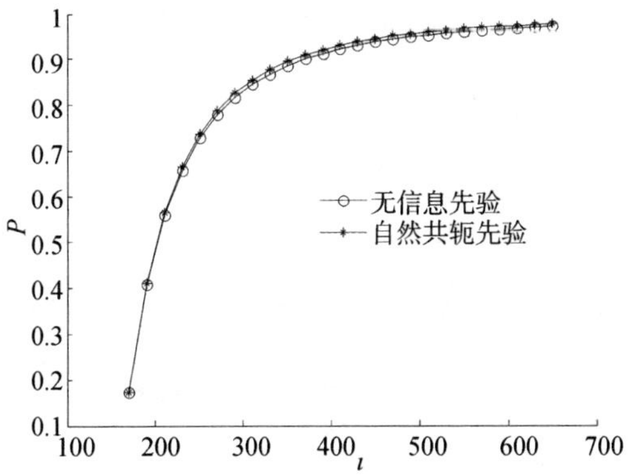

图 5.30　T_{n+1} 的预测分布

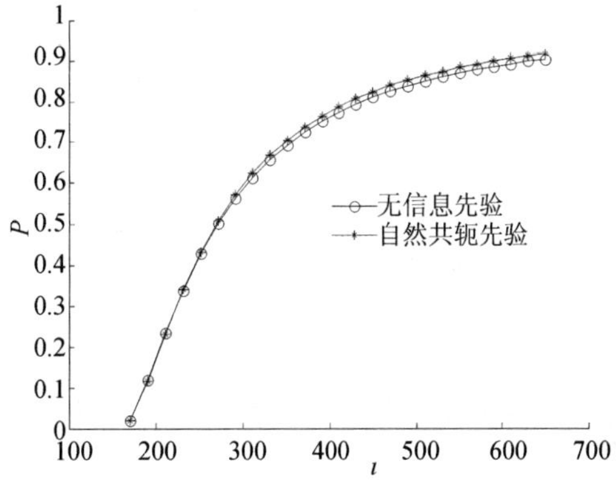

图 5.31　T_{n+2} 的预测分布

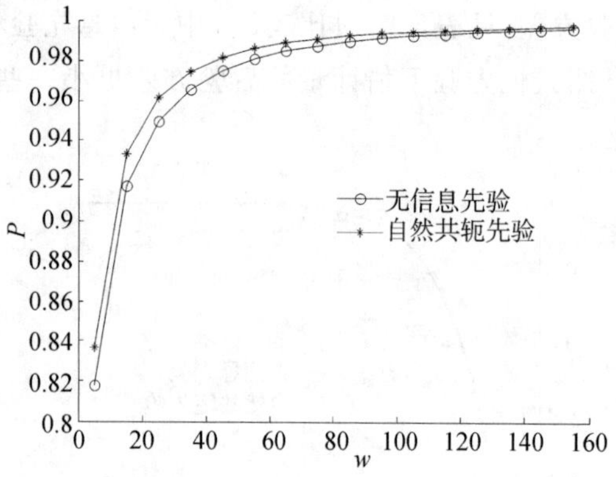

图 5.32　W_1 的预测分布

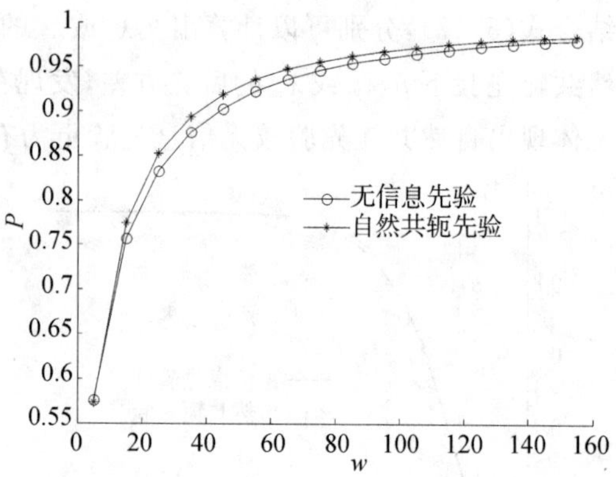

图 5.33　W_2 的预测分布

5.7　本章小结

与无信息先验和信息先验下 PLP 模型的贝叶斯分析不同，自然共轭先验的优势在于它考虑了 PLP 模型参数之间的相关性，因此本章基于自然共轭先验研究了 PLP 模型的贝叶斯推断。在自然共轭先验中，PLP 模型参数的先验矩是有解析表达式[88]的，但是从本章 PLP 模型的贝叶斯分析过程中可以看出：参数的后验矩是一些复杂形式的积分，并不具有解析表达式；此外，与 PLP 模型参数相关的一些可靠性评估量亦是如此，故需利用数值方法求解。为了降低自然共轭先验下 PLP 模型的贝叶斯分析难度，本章将重要抽样法引入其中，基于所得 PLP 模型参数的重要抽样样本，建立了一种简单有效的可修系统基于 PLP 模型的贝叶斯可靠性分析方法及其预测分析方法。本章方法是在单台可修系统的基础上建立的，可以考虑将其推广至多台可修系统在自然共轭先验下的贝叶斯推断之中，有关这方面还需进行深入的研究。

第6章 几种先验下基于PLP的可修系统贝叶斯可靠性分析方法比较

第3～5章分别在无信息先验、Gamma信息先验、自然共轭先验下，针对可修系统基于PLP模型分别给出了相应的贝叶斯分析方法及其预测分析方法。本章将在此基础上，分别在上述几种先验下对可修系统基于PLP模型的贝叶斯分析结果及其单、双样预测分析结果进行对比，以此来研究可修系统基于PLP模型在各种先验下的贝叶斯可靠性分析方法的特点。

6.1 Gamma信息先验的等效自然共轭先验

为了能将Gamma信息先验与自然共轭先验下PLP模型的贝叶斯分析结果进行对比，这里首先推导出两种先验分布之间的关系。

利用式(4.4)的先验和式(5.1)的关系可以得到

$$\pi(\lambda_0 \mid \beta)=\frac{1}{\Gamma(a)}(bT^{\beta})^{a}\lambda_0{}^{a-1}\exp\{-bT^{\beta}\lambda_0\} \tag{6.1}$$

从式(6.1)可以看出，在给定β条件下λ_0的条件分布为Gamma分布，即

$$\lambda_0 \mid \beta \sim \Gamma(a, bT^{\beta}) \tag{6.2}$$

将式(6.2)结合式(4.3)中β的先验后可得到以下结论：

结论1 参数λ_0的数学期望为

$$E_{\lambda_0}=\frac{a}{b}\left(\frac{d}{d+\ln T}\right)^{c} \tag{6.3}$$

结论2 参数λ_0的CV为

$$CV_{\lambda_0}=\sqrt{\frac{\psi^{c}(a+1)}{a}-1} \tag{6.4}$$

其中，$\psi=1+\dfrac{(\ln T)^2}{d^2+2d\ln T}$。

证明：

(1)由式(6.1)可以得到在给定β时λ_0的条件期望为

$$E(\lambda_0 \mid \beta)=\frac{a}{bT^{\beta}} \tag{6.5}$$

将式(6.5)结合式(4.3)中β的先验后可以得到λ_0的数学期望为

$$E_{\lambda_0}=E[E(\lambda_0 \mid \beta)]=\int_0^{\infty}E(\lambda_0 \mid \beta)\pi(\beta)\mathrm{d}\beta=\frac{a}{b}\left(\frac{d}{d+\ln T}\right)^{c}$$

上式即为式(6.3)的结论。

(2)由 CV 的定义可知

$$CV_{\lambda_0}=\frac{\sqrt{\mathrm{Var}(\lambda_0)}}{E_{\lambda_0}}=\sqrt{\frac{E(\lambda_0{}^2)}{[E_{\lambda_0}]^2}-1} \tag{6.6}$$

只要知道了 $\lambda_0{}^2$ 的数学期望 $E(\lambda_0{}^2)$，就可以得到 $CV(\lambda_0)$。

由式(6.2)可以得到条件期望 $E(\lambda_0{}^2|\beta)=\dfrac{a(a+1)}{(bT^{\beta})^2}$，故

$$\begin{aligned}E(\lambda_0{}^2) &= E[E(\lambda_0{}^2 \mid \beta)] = \int_0^{\infty} E(\lambda_0{}^2 \mid \beta)\pi(\beta)d\beta \\ &=\frac{a(a+1)}{b^2}\left(\frac{d}{d+2\ln T}\right)^c\end{aligned} \tag{6.7}$$

所以

$$\frac{E(\lambda_0{}^2)}{[E_{\lambda_0}]^2}=\frac{(a+1)}{a}\left[\frac{(d+\ln T)^2}{d(d+2\ln T)}\right]^c \tag{6.8}$$

将式(6.8)代入式(6.6)，经整理后就可以得到式(6.4)的结果。

因此，利用上述结论就可以将 Gamma 信息先验等效为自然共轭先验，具体过程为：

1)将 Gamma 信息先验下的先验矩 E_{Λ_T}，CV_{Λ_T}，E_β 和 CV_β 代入式(4.29)～式(4.32)，求解出 Gamma 信息先验中超参数 a，b，c 和 d 的值；

2)将 a，b，c 和 d 的值代入式(6.3)和式(6.4)中求出 E_{λ_0} 和 CV_{λ_0} 的值；

3)将所求 E_{λ_0} 和 CV_{λ_0}，以及 E_β 和 CV_β 代入式(5.9)～式(5.12)，求解出自然共轭先验先下的超参数 m，α，y_m 和 c 的值。

在得到超参数 m，α，y_m 和 c 的值之后，就可以知道相应的自然共轭先验，这样就可以将 Gamma 信息先验等效为自然共轭先验了。对于 Gamma 信息先验等效后的自然共轭先验，由于其与 Gamma 信息先验具有相同先验矩，此时便可以将这两种先验进行比较分析了。

6.2 可修系统基于 PLP 模型在几种先验下的贝叶斯分析方法对比

在得到 Gamma 信息先验与自然共轭先验之间的关系后，就可以将无信息先验、Gamma 信息先验和自然共轭先验下可修系统基于 PLP 模型的贝叶斯分析及其预测分析方法进行比较了。这里将各种先验应用于一个具体工程算例，以其分析结果来说明不同先验下 PLP 模型的贝叶斯分析及其预测分析方法之间所存在的差异。

表 6.1 中列出了某软件在时间段(0,67 344]s 内发生具体失效的时间数据[44,90]，这些失效数据符合 PLP 模型，故可以对其进行各种有关 PLP 模型的贝叶斯分析。这里所选取的几种先验分布分别为：式(3.4)中当 $\gamma=0$ 和 $\gamma=1$ 时的无信息先验；当 $T=1\ 000$ s，$E_{\Lambda_T}=6$，$CV_{\Lambda_T}=0.5$，$E_\beta=0.38$ 和 $CV_\beta=0.25$ 时的 Gamma 信息先验；当 $E_{\lambda_0}=0.46$，$CV_{\lambda_0}=0.6$，$E_\beta=0.38$ 和 $CV_\beta=0.4$ 时的自然共轭先验；以及 Gamma 信息先验的等效自然共轭先验。在上述这些先验下，分别对该软件在时刻 $y=67\ 344$ s 和 $\tau=80\ 000$ s 处的失效强度进行预测，以及

对该软件在单、双样预测问题中的失效次数和失效时间分别进行预测分析。

表 6.1　软件的失效时间

失效次数 i	失效时间 t_i/s	失效次数 i	失效时间 t_i/s	失效次数 i	失效时间 t_i/s	失效次数 i	失效时间 t_i/s
1	115	11	1 955	21	6 162	31	36 800
2	115	12	2 026	22	6 552	32	37 363
3	198	13	2 623	23	8 415	33	40 133
4	376	14	3 821	24	9 752	34	40 785
5	570	15	3 861	25	14 260	35	46 378
6	706	16	4 649	26	15 094	36	58 074
7	1 783	17	4 871	27	18 494	37	64 798
8	1 798	18	4 943	28	18 500	38	67 344
9	1 813	19	5 558	29	23 061		
10	1 905	20	6 147	30	26 229		

6.2.1　形状参数和强度函数的贝叶斯估计

在上述 5 种先验下，分别利用第 3～5 章中所介绍可修系统的贝叶斯分析方法，可以计算出参数 β 和失效强度 λ_y，λ_τ 在平方损失函数下的贝叶斯估计与后验方差，见表 6.2。将几种先验下 β，λ_y 或 λ_τ 的贝叶斯估计与各自的 MLE 进行比较，可以发现这些量的 MLE 结果与 $\gamma=0$ 时的无信息先验、Gamma 信息先验和自然共轭先验下的结果相差不大，而与 $\gamma=1$ 时的无信息先验和 Gamma 信息先验的等效自然共轭先验下的结果相差较大。

表 6.2　MLE 和几种先验下的贝叶斯后验分析结果

		β	λ_y	λ_τ
MLE		0.397 9	2.245×10^{-4}	2.024×10^{-4}
$\gamma=0$ 时无信息先验	贝叶斯估计	0.398 2	2.248×10^{-4}	2.030×10^{-4}
	后验方差	0.004 16	2.723×10^{-9}	2.386×10^{-9}
$\gamma=1$ 时无信息先验	贝叶斯估计	0.387 6	2.188×10^{-4}	1.973×10^{-4}
	后验方差	0.004 04	2.576×10^{-9}	2.247×10^{-9}
Gamma 信息先验	贝叶斯估计	0.398 8	2.211×10^{-4}	1.996×10^{-4}
	后验方差	0.002 37	2.203×10^{-9}	1.899×10^{-9}
自然共轭先验	贝叶斯估计	0.407 4	2.274×10^{-4}	2.056×10^{-4}
	后验方差	0.001 61	2.292×10^{-9}	1.962×10^{-9}
Gamma 信息先验的等效自然共轭先验	贝叶斯估计	0.414 5	2.148×10^{-4}	1.945×10^{-4}
	后验方差	0.002 62	2.169×10^{-9}	1.898×10^{-9}

6.2.2 形状参数和强度函数的经验分布函数曲线

图 6.1～图 6.3 中还分别给出了 5 种先验下 β,λ_y 和 λ_τ 的加权经验分布函数曲线，从图中可以看出几种先验下 β,λ_y 或 λ_τ 的经验分布函数曲线略有不同。

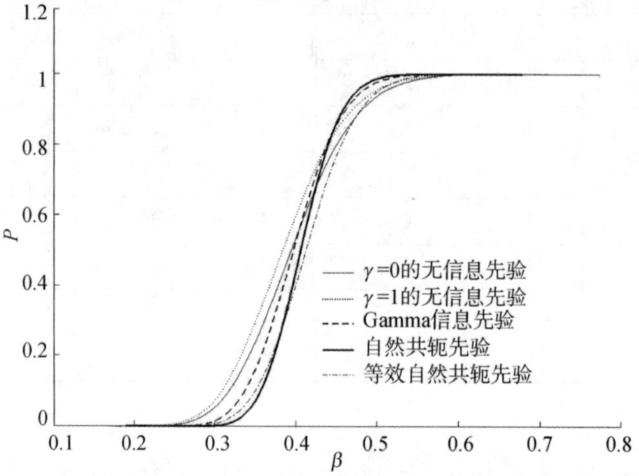

图 6.1 β 的加权经验分布

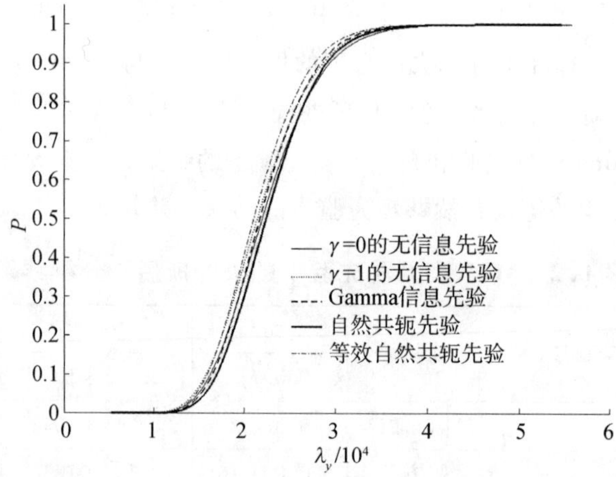

图 6.2 λ_y 的加权经验分布

由于 $\gamma=0$ 时无信息先验下 β,λ_y 或 λ_τ 的估计值都比 $\gamma=1$ 时无信息先验的估计值要大一些，但在这两种先验下 β,λ_y 或 λ_τ 的后验方差却很相近，则在这两种先验下 β,λ_y 或 λ_τ 的经验分布函数曲线的分散程度（即 β,λ_y 和 λ_τ 取值的分散程度）差不多。因此，几乎只要将 $\gamma=1$ 时无信息先验下 β,λ_y 或 λ_τ 的经验分布函数曲线向右平移就可以得到 $\gamma=0$ 时无信息先验下 β,λ_y 或 λ_τ 的经验分布函数曲线。

从表 6.2 中可以看出，在 $\gamma=0$ 时无信息先验、Gamma 信息先验和自然共轭先验下，虽然 β 的贝叶斯估计值相差不大，但后验方差相差较大，因此，在这几种先验下 β 的经验分布函数曲线中，以自然共轭先验下 β 的后验方差最小，则该先验下 β 的经验分布函数曲线相对于集中

（即 β 的取值相对集中），而在 $\gamma=0$ 时无信息先验下 β 的后验方差最大，则该先验下 β 的经验分布函数曲线相对于分散（即 β 的取值相对分散）。而对于 $\gamma=0$ 时无信息先验、Gamma 信息先验和自然共轭先验下 λ_y 或 λ_τ 的经验分布函数曲线关系则与 β 的经验分布函数曲线类似，只是由于这几种先验下 λ_y 或 λ_τ 的后验方差相差很小，故这几种先验下 λ_y 或 λ_τ 的经验分布函数曲线的分散性并不明显。

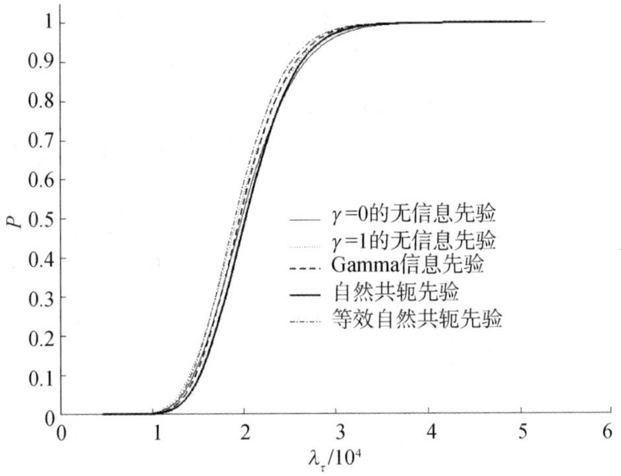

图 6.3　λ_τ 的加权经验分布

由于在 Gamma 信息先验及其等效的自然共轭先验下 β 的贝叶斯估计值相差较大，而后验方差却相差不大，故这两种先验下 β 的经验分布函数曲线的分散程度（即 β 取值的分散程度）差不多，因此，几乎只要将 Gamma 信息先验下 β 的经验分布函数曲线向右平移就可以得到其等效的自然共轭先验下的经验分布函数曲线。而这两种先验下 λ_y 或 λ_τ 的经验分布函数的曲线则与 β 的经验分布函数曲线类似，只是移动的方向和程度不同而已。

6.2.3　失效次数和失效时间的单、双样预测

基于 5 种先验还可以对该软件在单、双样预测问题中的失效次数和失效时间进行预测分析，分析结果如图 6.4～图 6.9 所示。

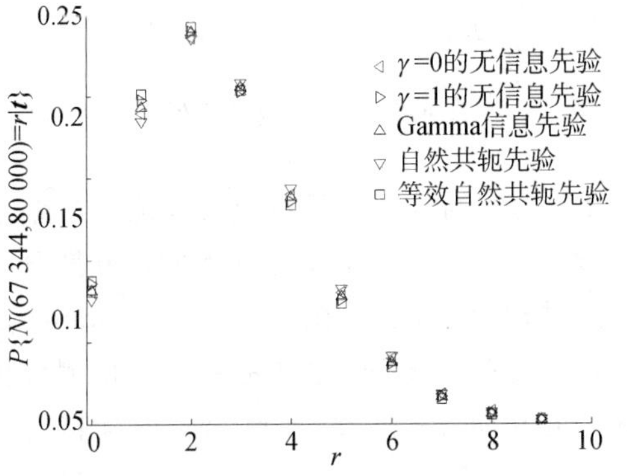

图 6.4　$N(67\ 344,80\ 000)$ 的预测分布

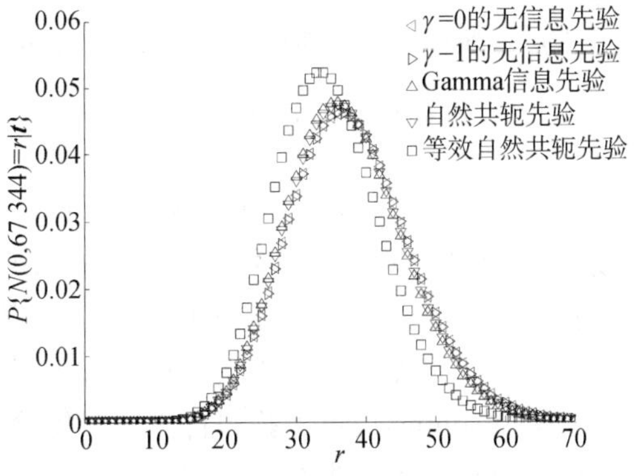

图 6.5　$N(0,67344)$ 的预测分布

从图 6.4 中可以看出，5 种先验下计算出 $P\{N(67\ 344,80\ 000)=r|\boldsymbol{t}\}$ 值的差异随着失效次数 r 的增大而减小，以 $r=1$ 时的差异最大。5 种先验下分别计算出 $P\{T_{n+1}\leqslant t|\boldsymbol{t}\}$ 和 $P\{T_{n+2}\leqslant t|\boldsymbol{t}\}$ 值的差异都随着 t 的增大而增大（见图 6.6 和图 6.7）。总的来说，这 5 种先验下的单样预测分析结果差别不是很大。

对于双样预测分析，除了 Gamma 信息先验的等效自然共轭先验外，其他 4 种先验下所得 $P\{N(0,67\ 344)=r\mid\boldsymbol{t}\}$、$P\{W_1\leqslant w\mid\boldsymbol{t}\}$ 或 $P\{W_2\leqslant w\mid\boldsymbol{t}\}$ 的差别都不大，且这 4 种先验下 $P\{W_1\leqslant w|\boldsymbol{t}\}$ 或 $P\{W_2\leqslant w|\boldsymbol{t}\}$ 的差别都随着 w 的增大而减小，如图 6.5、图 6.8 和图 6.9 所示。此外，在 Gamma 信息先验及其等效的自然共轭先验下的双样预测分析结果的差异较大，而这两种先验下软件失效时间的双样预测分析结果的差异却随着 w 的增大而逐渐减小。

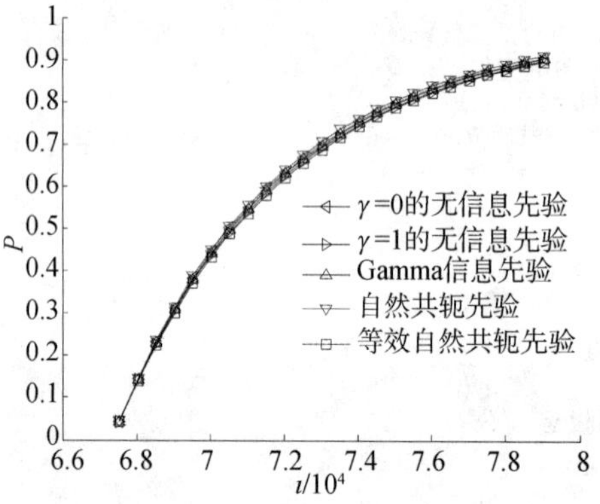

图 6.6　T_{n+1} 的预测分布

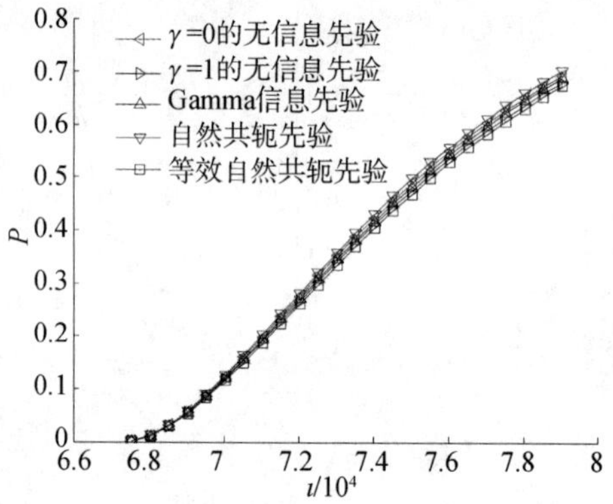

图 6.7　T_{n+2} 的预测分布

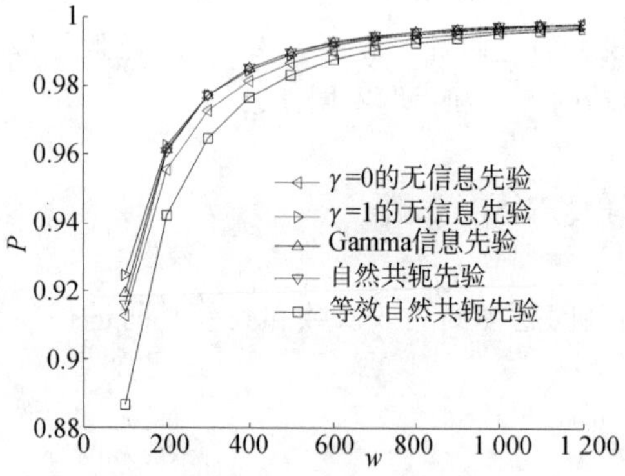

图 6.8　W_1 的预测分布

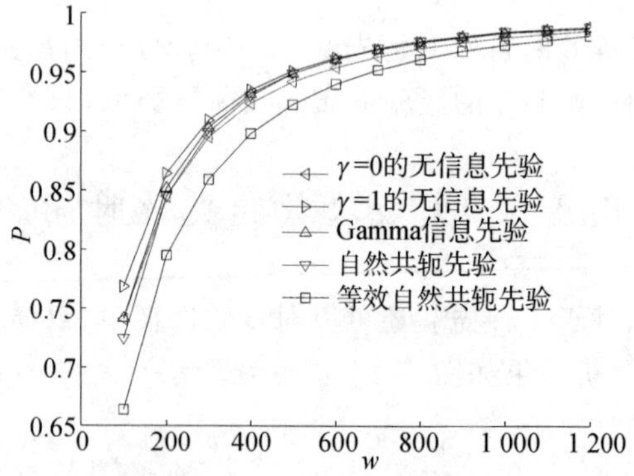

图 6.9　W_2 的预测分布

综上所述，通过比较软件在 5 种先验下基于 PLP 模型的贝叶斯分析及其预测分析结果可以发现：除了难以精确模拟的尾分布以外，MLE 结果与 $\gamma=0$ 时无信息先验下的贝叶斯分析结果非常接近；$\gamma=0$ 时与 $\gamma=1$ 时无信息先验下的贝叶斯分析结果存在一定差异；Gamma 信息先验及其等效的自然共轭先验下的贝叶斯分析结果存在明显差异，尤其是在双样预测分析中的差异最大；Gamma 信息先验和自然共轭先验下的贝叶斯分析结果要比 $\gamma=0$ 时无信息先验下的贝叶斯分析结果更为有效（即估计的后验方差较小）；至于 Gamma 信息先验和自然共轭先验中哪种先验更为有效，这与两种先验中超参数的选取直接相关。

6.3　本章小结

本章将可修系统基于 PLP 模型分别在无信息先验、Gamma 信息先验、自然共轭先验下的贝叶斯分析方法及其预测分析方法应用于一个具体工程算例，通过对比分析研究了在这些先验分布下可修系统基于 PLP 模型的贝叶斯分析及其预测分析方法所存在的差异。因此，在有验前信息可用的前提下，且能够确保验前信息是合理的情况下，利用本书所给可修系统在信息先验（包括 Gamma 信息先验和自然共轭先验）下基于 PLP 模型的贝叶斯分析及其预测分析方法就可以对由 PLP 模型所描述的可修系统的失效过程进行相关的贝叶斯可靠性分析，且所得信息先验下的贝叶斯分析结果都要比无信息先验下的贝叶斯分析更为有效。

第 7 章　多台可修系统的可靠性统计分析方法

本书前面章节讨论的是基于 PLP 模型的可修系统贝叶斯可靠性分析方法，值得注意的是这些研究都是以单台可修系统为基础的。本书第 1 章曾提到在很多情况下还会同时研究多台可修系统的可靠性评估问题，但由于多台可修系统的情况比较复杂，已有相关研究内容比较复杂且分散，故本章将针对多台可修系统的可靠性统计分析方法继续进行一些研究。

在 PLP 模型应用于可修系统的可靠性分析时，实际更感兴趣的是一些重要的 PLP 模型参数的函数，例如第 2 章中介绍的可修系统的失效强度、MTBF 和系统可靠度在某一时刻处的估计值，因为这些模型参数的函数的估计值在评估可修系统的可靠性或在作出可靠性管理决策方面发挥着十分重要的作用。一般，这些 PLP 模型参数的函数的点估计值可以通过将 PLP 模型参数的点估计值代入函数直接获得。然而特别地，我们会更加关注这些 PLP 模型参数的函数的区间估计问题。

针对单台可修系统的失效截尾数据和时间截尾数据，Crow 给出了便于计算 MTBF 的置信区间的经过验证的系数表格[4,6,31,113]（针对指定置信水平为 0.98，0.95，0.90，0.80 且所观察到可修系统的失效次数为 2 ～ 100 的情况）和渐进公式[4,6,31]（针对可修系统的失效次数大于 100 的情况）。由于 MTBF 与强度函数之间存在着倒数关系，因而强度函数的置信区间可以借助区间除法运算从 MTBF 的置信区间得到。为方便起见，文献[1] 针对失效截尾数据和时间截尾数据情况，分别提供了直接用于计算强度函数的置信区间的系数表格。为了满足实际应用中经常估计更多置信水平下单侧置信区间的需求，周源泉和丁伟航重新计算了 Crow 的置信区间系数表，并额外增加了置信水平为 0.20，0.40，0.50，0.60 的具有更高精度的置信区间系数表[114-115]。另外，借助于 Crow 的置信区间系数表也可以计算出系统可靠度的置信区间[43]。

显然，上述方法大大简化了一些 PLP 模型参数的函数的置信区间估计问题，但需要注意的是，这些置信区间估计方法仅适用于单台可修系统情形。在可修系统的可靠性分析问题中，同时研究多个相似可修系统是非常普遍的。然而当 PLP 模型应用于多台可修系统的可靠性分析时，关于可修系统相似性的不同假设导致了不同的分析模型[1,69-71]，例如，适用于多台同型可修系统的 PLP 模型[1,3]，适应于多个 PLP 具有相同 β 不同 θ 的参数经验贝叶斯模型[70]，适应于多个 PLP 具有两种强度函数的混合模型[71]，等等。针对不同模型的统计分析方法是不同的，并且可能会使统计分析变得更加复杂和困难，尤其是对我们所感兴趣 PLP 模型参数的函数的区间估计问题。

对于多个 PLP 模型，目前关于模型参数函数的区间估计问题的研究还很少。当 $\beta = 1$ 时，PLP 模型退化为一个齐次泊松过程，此时针对多台可修系统中各台系统均是失效截尾的情况，

参数 θ 的置信区间估计可以很容易获得；然而针对多台可修系统中有部分系统是时间截尾的情况，需要通过绘制似然比检验中的似然比检验统计量与假定 θ 值之间的函数曲线来间接获得参数 θ 的置信区间[1]，因此要获得参数 θ 的函数的置信区间也并不容易。针对多台同型可修系统相互独立地从 0 时开始运行到至少 $T(>0)$ 时且各台系统的失效过程均服从相同 PLP 模型时的特殊情况，Crow 通过将多台可修系统的失效时间叠加到一条时间线上，把单台可修系统的置信区间估计方法应用于多台可修系统情况下的强度函数的置信区间估计[43]。在这些可修系统中，有些系统的实际运行时间可能要长于 T，因此这些系统在时间段 $(0, T]$ 之外的那些失效数据并未用于置信区间估计。此外，当可修系统采取时间截尾方式的截尾时间或采取失效截尾方式的失效次数趋于无穷大时，PLP 模型参数的函数的渐进置信区间可以由 Delta 方法得到[116]。由于在可靠性试验过程中收集到可修系统的实际截尾时间或失效次数都是有限值，故此时所得渐近置信区间可能并不可信，这一点将在 7.3 节中得以验证。针对多台同型可修系统相互独立地运行不同时间且各台系统的失效过程都服从相同 PLP 模型的一般情况，如何确定 PLP 模型参数的函数的置信区间仍需进一步研究。

Bootstrap 方法是构建置信区间的一种常用方法。考虑到每台可修系统的失效时间并不是来自任何分布的一个随机样本，因此不能将其直接应用于 Bootstrap 置信区间估计方法。但是，对可修系统的原始失效时间进行一些转换之后，使得构建 Bootstrap 置信区间成为可能。例如，基于 The Total Time on Test(TTT) 变换，Phillips[117] 对所观察的单个可修系统的失效过程服从 PLP 时的强度函数给出了 Bootstrap 置信域，Gilardoni 等[118] 针对独立观察的多个同型可修系统（单台可修系统的失效过程服从 PLP）的预防性维护的最佳维护时间（它是 PLP 强度函数的函数）给出了 Bootstrap 置信域。所提及的这些函数的置信区间构建是基于非参数 Bootstrap 方法的，而在该方法中首先需要估计出 PLP 的强度函数，可以借助核估计[117]、非参数极大似然估计[118] 等方法。另外，当单台可修系统发生多种故障模式时，Somboonsavatdee 和 Sen[119] 基于 Ratio-Power 变换[1] 研究了 PLP 模型参数的参数化 Bootstrap 纠偏百分位数置信区间估计。实际上，Ratio-Power 变换是构建 PLP 模型拟合优度检验的两种变换之一，另一个变换就是对数比变换（Log-Ratio Transformation）。与 TTT 变换和对数比变换相比，Ratio-Power 变换的一个显著特性就是它本身依赖于 PLP 模型参数，因而在应用该变换之前需要先估计出 PLP 模型的参数。为避免这种情况，对数比变换将为我们提供另一种途径来构建 Bootstrap 方法和 PLP 模型参数的函数的置信区间。

针对多台同型可修系统相互独立地运行不同时间且各台系统的失效过程都服从相同 PLP 模型时的一般情况，本章将给出一种简单的参数化 Bootstrap 方法，用以构建 PLP 模型参数的函数的高精度置信区间。将具有与任何参数无关的良好特性的对数比变换应用于多台可修系统的失效时间，我们可以获得来自指数分布的一个随机样本；考虑到该指数分布的参数与 PLP 模型参数之间的关系，则 PLP 模型参数的函数的估计可以转换成该指数分布参数相应函数的估计。基于此，可以将所获得的来自指数分布的样本用于构建 PLP 模型参数的任一函数的置信区间，只需借助于以下三种 Bootstrap 置信区间估计方法：Percentile 方法，BC 方法

(Bias-Corrected Percentile Method)和BCa方法(Bias-Corrected and Accelerated Method)。针对任意给定的置信水平,利用本章所给的Bootstrap置信区间构建方法可以很容易地构建出PLP模型参数的任一函数的双侧置信区间和单侧置信上/下限(Upper/Lower Confidence Limits,UCLs/LCLs)。

本章将首先简单介绍三种Bootstrap置信区间估计方法,然后针对多台同型可修系统各自相互独立地运行不同时间且各台系统的失效过程都服从相同PLP模型时的一般情况,给出了构建PLP模型参数的函数的置信区间的一种参数化Bootstrap方法。

7.1 Bootstrap置信区间估计方法

假设$X=(X_1,\cdots,X_n)$是来自某一分布的一个随机样本,μ是该分布的一些未知参数,$\hat{\mu}=\hat{\mu}(X_1,\cdots,X_n)$是$\mu$的估计。在对$\mu$的统计推断中,常常对$\hat{\mu}$的抽样分布感兴趣,借助如下Bootstrap方法[120]就可以方便地获得$\hat{\mu}$的抽样分布:

1)从原始样本X中采用放回抽样方式抽取一个容量为m的样本$X^*=(X_1^*,\cdots,X_m^*)$,称其为Bootstrap样本;

2)利用Bootstrap样本计算得到Bootstrap估计值$\hat{\mu}^*(X_1^*,\cdots,X_m^*)$;

3)重复步骤1)~2)B次,得到Bootstrap估计值$\hat{\mu}^*(b=1,2,\cdots,B)$。

$\hat{\mu}$的抽样分布则可以由当抽样次数B取值很大时的Bootstrap估计值$\hat{\mu}^*(b=1,2,\cdots,B)$的经验分布函数来估计。

基于这些Bootstrap估计值,参数μ的双侧置信区间可以由Percentile方法[121-123],BC方法[121-123]和BCa方法[122-124]获得,这几种方法简述如下。

1. Percentile方法

参数μ的置信水平为$1-\alpha$的双侧Boostrap Percentile置信区间为

$$(\hat{\mu}^*_{[(B+1)\alpha/2]},\ \hat{\mu}^*_{[(B+1)(1-\alpha/2)]}) \tag{7.1}$$

2. BC方法

参数μ的置信水平为$1-\alpha$的双侧Boostrap BC置信区间为

$$(\hat{\mu}^*_{L1},\ \hat{\mu}^*_{U1}) \tag{7.2}$$

其中,$L1=\Phi(Z^{\alpha/2}+2z_0)$;$U1=\Phi(Z^{1-\alpha/2}+2z_0)$,$\Phi(\cdot)$是标准正态分布的累积分布函数,$\Phi^{-1}(\cdot)$是$\Phi(\cdot)$的反函数;$Z^{\alpha}=\Phi^{-1}(\alpha)$,纠偏常数$z_0$可以由式(7.3)估计。

$$z_0=\Phi^{-1}\left(\frac{1}{B}\sum_{b=1}^{B}I(\hat{\mu}_b{}^*\leqslant\hat{\mu})\right) \tag{7.3}$$

3. BCa方法

参数μ的置信水平为$1-\alpha$的双侧BCa置信区间为

$$(\hat{\mu}_{L2}^{*},\hat{\mu}_{U2}^{*}) \tag{7.4}$$

其中

$$L2=\Phi\left(z_0+\frac{z_0+Z^{\alpha/2}}{1-a(z_0+Z^{\alpha/2})}\right)$$

$$U2=\Phi\left(z_0+\frac{z_0+Z^{1-\alpha/2}}{1-a(z_0+Z^{1-\alpha/2})}\right)$$

使用 Jackknife Influence Function[121,124]可以得到加速因子 a 的估计值为

$$a=\frac{\sum_{i=1}^{n}(\overline{\mu_{(\cdot)}}-\hat{\mu}_{(i)})^3}{6\left[\sum_{i=1}^{n}(\overline{\mu_{(\cdot)}}-\hat{\mu}_{(i)})^2\right]^{\frac{3}{2}}} \tag{7.5}$$

其中，$\hat{\mu}_{(i)}$ 为基于缩减样本$(X_1,X_2,\cdots,X_{i-1},X_{i+1},\cdots,X_n)$得到的 μ 的估计值，$\overline{\mu_{(\cdot)}}=\frac{1}{n}\sum_{i=1}^{n}\hat{\mu}_{(i)}$。

比较式(7.1)、式(7.2)和式(7.4)，可以发现 $\hat{\mu}$ 的 Bootstrap 分布的不同的指定百分位数被用作双侧置信区间的端点。在这三种 Bootstrap 区间估计方法中，Percentile 方法显然是构造 μ 的置信区间的最直接方法，但是该方法对于小子样情况(尤其是不对称分布的情况)的效果并不太好。在 Percentile 方法基础上进行一定修正就可以得到更好的 Bootstrap 置信区间估计，其具有更好的理论性质和更好的实际区间覆盖率。在式(7.4)中针对百分位数 $\alpha/2$ 和 $1-\alpha/2$引入了两个修正：z_0 修正 Bootstrap 抽样分布估计的偏差(Bias)，而 a 则修正 Bootstrap 抽样分布的偏度(Skew)。若在式(7.4)中 $a=0$，则 BCa 方法简化为 BC 方法。BC 方法和 BCa 方法给人的印象似乎是比较复杂的，但是与 Percentile 方法所构造的具有一阶精度的置信区间相比，这两种方法能够构建具有二阶精度的置信区间，这里的精度指的是 Bootstrap 区间的覆盖误差(Coverage Errors)[124]。因此，BC 方法和 BCa 方法可以用来构建 PLP 模型参数的函数的高精度置信区间。

7.2　多台可修系统情形下 PLP 模型的置信区间估计

本节将讨论当多台同型可修系统各自相互独立地运行不同时间且各台系统的失效过程都服从相同 PLP 模型时，PLP 模型参数的函数的置信区间估计问题。

假设 $k(k\geqslant 2)$台同型可修系统同时投入运行，第 i 台可修系统的第 j 次失效时间为 t_{ij}，第 i 台可修系统在运行期间内的失效次数为 $n_i(n_i\geqslant 1)$，k 台可修系统的总失效次数为 $N=\sum_{i=1}^{k}n_i$。第 i 台可修系统独立地运行至时刻 T_i 处截尾，如果它是失效截尾则有 $T_i=t_{in_i}$，而如果它是时间截尾则有 $T_i>t_{in_i}$。

7.2.1 多台可修系统基于PLP模型的传统统计推断

若多台可修系统中各台系统之间的运行是相互独立的，基于式(2.1)所表示的PLP模型的强度函数，可以得到多台可修系统失效时间的似然函数为

$$l(\beta,\theta)=\prod_{i=1}^{k}\left\{\prod_{j=1}^{n_i}\lambda(t_{ij})\exp[-\Lambda(T_i)]\right\}$$

$$=\beta^{N}\theta^{-\beta N}\left(\prod_{i=1}^{k}\prod_{j=1}^{n_i}t_{ij}\right)^{\beta-1}\exp\left[-\sum_{i=1}^{k}\left(\frac{T_i}{\theta}\right)^{\beta}\right] \tag{7.6}$$

则PLP模型参数的MLE为$\hat{\beta}$和$\hat{\theta}$，它们可以由式(7.7)和式(7.8)分别解出。

$$\hat{\theta}=\left(\sum_{i=1}^{k}T_i^{\hat{\beta}}\Big/N\right)^{1/\hat{\beta}} \tag{7.7}$$

$$\hat{\beta}=N\Big/\left(\hat{\theta}^{-\hat{\beta}}\sum_{i=1}^{k}T_i^{\hat{\beta}}\ln T_i-\sum_{i=1}^{k}\sum_{j=1}^{n_i}\ln t_{ij}\right) \tag{7.8}$$

一般情况下，由式(7.7)和式(7.8)不能直接求解出$\hat{\beta}$和$\hat{\theta}$，需要借助于一些迭代方法来求解，如牛顿法(Newton's Method)或不动点迭代方法(Fixed-Point Iteration)。特别的，当k台可修系统全部都在时刻T处截尾，即$T_i=T$，$i=1,\cdots,k$，此时式(7.7)和式(7.8)可以化简为

$$\hat{\theta}=\left(\frac{kT^{\hat{\beta}}}{N}\right)^{1/\hat{\beta}} \tag{7.9}$$

$$\hat{\beta}=\frac{N}{\sum_{i=1}^{k}\sum_{i=1}^{n_i}\ln\frac{T}{t_{ij}}} \tag{7.10}$$

此时，$\hat{\beta}$和$\hat{\theta}$可由式(7.9)和式(7.10)解析求得。

$\hat{\beta}$和$\hat{\theta}$可以用来估计所感兴趣的PLP模型参数的函数的估计值，如可修系统在$t(>0)$时刻处系统失效率的估计值为

$$\hat{\lambda}(t)=\left(\frac{\hat{\beta}}{\hat{\theta}}\right)\left(\frac{t}{\hat{\theta}}\right)^{\hat{\beta}-1}=\frac{N\hat{\beta}t^{\hat{\beta}-1}}{\sum_{i=1}^{k}T_i^{\hat{\beta}}} \tag{7.11}$$

而可修系统在t时刻处的MTBF为

$$\hat{M}(t)=\frac{1}{\hat{\lambda}(t)} \tag{7.12}$$

由式(2.19)可知可修系统在时间段$(t,t+d]$内系统可靠度为

$$R(t,t+d)=P\{N(s_1,s_2)=0\}=\exp\left\{-\left[\left(\frac{t+d}{\theta}\right)^{\beta}-\left(\frac{t}{\theta}\right)^{\beta}\right]\right\} \tag{7.13}$$

则它的估计值为

$$\hat{R}(t,t+d)=\exp\left\{-\left[\left(\frac{t+d}{\hat{\theta}}\right)^{\hat{\beta}}-\left(\frac{t}{\hat{\theta}}\right)^{\hat{\beta}}\right]\right\} \tag{7.14}$$

基于条件 $T_i = T$, $i = 1, \cdots, k$,Crow 通过将 k 台可修系统的失效时间叠加到一条时间线上,把针对单台可修系统 MTBF 的置信区间估计方法[31] 推广应用于多台可修系统情况下 MTBF 的置信区间估计。于是,多台可修系统在时刻 T 处 MTBF $M(T)$ 的置信水平为 $1-\alpha$ 的 Crow 双侧置信区间[43] 为

$$(\Pi_1 \hat{M}(T),\ \Pi_2 \hat{M}(T)) \tag{7.15}$$

其中,对于指定的置信水平 $1-\alpha$ 值,当系统总失效次数 $N \leqslant 100$ 时 Π_1 和 Π_2 的值可以由表格[1,4,6,10,31,113] 查询得到,而当渐进系统总失效次数 $N > 100$ 时 Π_1 和 Π_2 的值则由渐进公式[4,6,31] 近似给出。

利用 MTBF 与强度函数之间的倒数关系,可以得到多台可修系统在时刻 T 处强度值的置信水平为 $1-\alpha$ 的 Crow 双侧置信区间为

$$\left(\frac{1}{\Pi_2}\hat{\lambda}(T),\ \frac{1}{\Pi_1}\hat{\lambda}(T)\right) \tag{7.16}$$

此外,当可修系统采取时间截尾方式的截尾时间或采取失效截尾方式的失效次数趋于无穷大时,PLP 模型参数(θ,β)的函数$\delta(\beta,\theta)$的渐进分布可以由 Delta 方法(Delta Method)得到。因此,$\delta(\beta,\theta)$ 的置信水平为 $1-\alpha$ 的双侧渐进置信区间[116] 为

$$\left(\delta(\hat{\beta},\hat{\theta}) \pm Z^{\alpha/2}\sqrt{[\nabla\delta(\hat{\beta},\hat{\theta})]^T \sum [\nabla\delta(\hat{\beta},\hat{\theta})]}\right) \tag{7.17}$$

其中,$\nabla\delta$ 是函数 $\delta(\beta,\theta)$ 的梯度;Σ 是对数似然函数 $\ln l(\beta,\theta)$ 的海森矩阵(Hessian Matrix)的负逆在$(\hat{\beta},\hat{\theta})$处的值。

7.2.2 PLP 模型参数的函数的 Bootstrap 置信区间估计

由于可修系统的失效时间不是来自某一总体或分布的随机样本,但为了能够利用 7.1 节中的 Bootstrap 置信区间估计方法,首先需要对多台可修系统中各台系统的原始失效时间进行对数比变换。考虑到在工程实际中,多台可修系统中各台系统的运行周期通常各不相同。如果第 i 台可修系统是失效截尾,可以对该台可修系统的原始失效时间采用对数比变换 $\ln\left(\frac{T_i}{t_{ij}}\right)(j = 1, \cdots, n_i - 1)$,其中 $T_i = t_{in_i}$,则随机变量 $\ln\frac{T_i}{t_{i(n_i-1)}}, \ln\frac{T_i}{t_{i(n_i-2)}}, \cdots, \ln\frac{T_i}{t_{i1}}$ 是来自均值为 $\frac{1}{\beta}$ 的指数分布的 $n_i - 1$ 个次序统计量[1]。如果第 i 台可修系统是时间截尾,可以对该台可修系统的原始失效时间采用对数比变换 $\ln\left(\frac{T_i}{t_{ij}}\right)(j = 1, \cdots, n_i)$,则随机变量 $\ln\frac{T_i}{t_{in_i}}, \cdots, \ln\frac{T_i}{t_{i(n_i-1)}}, \cdots, \ln\frac{T_i}{t_{i1}}$ 是来自均值为 $\frac{1}{\beta}$ 的指数分布的 n_i 个次序统计量[1]。若令

$$M = \sum_{i=1}^{k} m_i \tag{7.18}$$

其中

$$m_i = \begin{cases} n_i, \ T_i > t_{in_i} \\ n_i - 1, \ T_i = t_{in_i} \end{cases} \tag{7.19}$$

因此，针对第 i 台可修系统，我们可以得到一个来自均值为$\frac{1}{\beta}$ 的指数分布的容量为 m_i 的样本。

将上述相应的对数比变换应用于多台可修系统中的每台系统，可以得到一个来自均值为$\frac{1}{\beta}$ 的指数分布的容量为M 的样本$\left(\ln\frac{T_i}{t_{im_i}},\ln\frac{T_i}{t_{i(m_i-1)}},\cdots,\ln\frac{T_i}{t_{i1}},i=1,\cdots,k\right)$。基于该样本，PLP 模型的参数 β 的 MLE 则可以由该样本均值的倒数给出其估计值 $\hat{\beta}$。

在可修系统的可靠性分析中，假设我们所感兴趣的 PLP 模型参数(β,θ) 的函数为 $\eta(\beta,\theta;t)$。注意到，式(7.9) 中估计值 $\hat{\theta}$ 是以 $\hat{\beta}$ 估计的函数的形式给出的，因此，$\eta(\beta,\theta;t)$ 的估计值也是以 $\hat{\beta}$ 估计的函数的形式给出的。将多台可修系统中各台系统进行上述对数比变换之后，求解 $\eta(\beta,\theta;t)$ 的 MLE 就转化为求解上述指数分布参数的相应函数的 MLE 估计的问题。这样，我们就可以采用 7.1 节中的 Bootstrap 置信区间估计方法来给出 $\eta(\beta,\theta;t)$ 的 Bootstrap 置信区间估计方法。

$\eta(\beta,\theta;t)$ 的置信水平为 $1-\alpha$ 的双侧 Bootstrap 置信区间可以由下述方法来构建。

(1) 重新将各台可修系统的截尾时间 $T_1,T_2,\cdots,T_k$ 按照由小到大的顺序 $T_{(1)}\leqslant T_{(2)}\leqslant\cdots\leqslant T_{(k)}$ 排序，得到 $T_{(1)},T_{(2)},\cdots,T_{(k)}$。令 $T^*_{(i)}=\begin{cases} t, \ t<T_{(i)}, \\ T_{(i)}, \ t\geqslant T_{(i)}, \end{cases}$ $(i=1,\cdots,k)$，N^* 是失效时间 $\{t_{ij}:t_{ij}\leqslant T^*_{(i)},i=1,\cdots,k\}$ 对应的总失效次数。然后对各台可修系统中满足 $t_{ij}\leqslant T^*_{(i)}$ 的失效时间应用对数比变换 $\ln\left(\frac{T^*_{(i)}}{t_{ij}}\right)(i=1,\cdots,k)$，可以得到样本 $X=\left(\ln\frac{T^*_{(i)}}{t_{ij}}:t_{ij}\leqslant T^*_{(i)},i=1,\cdots,k\right)$。

(2) 从样本 X 中采用放回抽样方式抽取一个容量为 n^* 的 Bootstrap 样本 $X^*=(X^*_1,\cdots,X^*_{n^*})$，其中 n^* 服从均值为 $\hat{\Lambda}(t^*)=(t^*/\hat{\theta})^{\hat{\beta}}$ 的泊松分布，$t^*=\max\{T^*_{(1)},T^*_{(2)},\cdots,T^*_{(k)}\}$，$\hat{\beta}$ 和 $\hat{\theta}$ 可基于时间数据$\{t_{ij}:t_{ij}\leqslant T^*_{(i)},i=1,\cdots,k\}$ 采用式(7.9) 和式(7.10) 分别求得。

(3) 计算估计值 $\hat{\beta}^*=n^*/\sum_{i=1}^{n^*}X^*_i$，并将 $\hat{\beta}=\hat{\beta}^*$、$N=N^*$ 和截尾时间$\{T^*_{(1)},T^*_{(2)},\cdots,T^*_{(k)}\}$ 代入式(7.9) 得到估计值 $\hat{\theta}^*$。

(4) 将 $\hat{\beta}=\hat{\beta}^*$ 和 $\hat{\theta}=\hat{\theta}^*$ 代入 $\hat{\eta}=\eta(\hat{\beta},\hat{\theta};t)$ 可以得到估计值 $\hat{\eta}^*$。

(5) 重复步骤(2) ~ (4)B 次，得到 Bootstrap 估计值 $\hat{\eta}_{b^*}$ $(b=1,2,\cdots,B)$。

(6) 分别将 $\hat{\eta}$ 的 Bootstrap 分布中指定的分位数代入式(7.1)、式(7.2) 和式(7.4)，分别获得 $\eta(\beta,\theta;t)$ 的双侧 Boostrap Percentile 置信区间、BC 置信区间和 BCa 置信区间。

类似地，在上述步骤(6) 中只需要将式(7.1)、式(7.2) 和式(7.4) 中双侧 Boostrap 置信区间的上(或下) 端点中的 $\alpha/2$ 换成 α，就可以得到 $\eta(\beta,\theta;t)$ 的置信水平为 $1-\alpha$ 的单侧 Boostrap 置信区间的 UCL(或 LCL)。

此外，即使函数 $\eta(\beta,\theta;t)$ 与时间 t 没有关系，上述置信区间求解方法仍然可以用来构建 PLP 模型参数(β,θ) 的函数的 Boostrap 置信区间，这时候只需令上述步骤(1) 中的 $T_{(i)}^{*} = T_{(i)}$ 和步骤(2) 中的 $t^{*} = T_{(k)}$ 即可。

因此，针对来自多台同型可修系统的失效时间数据，利用上述 Bootstrap 置信区间构建方法可以获得 PLP 模型参数(β,θ) 的任意函数的 Boostrap 置信区间。

7.3　算例分析

7.3.1　数值模拟算例

本节将针对可修系统经历可靠性增长$(\beta < 1)$、可靠性退化$(\beta > 1)$ 以及可靠性恒定$(\beta = 1)$ 的三种情况，分别列举一些数值模拟算例来验证所提 Bootstrap 置信区间方法在可修系统可靠性分析中的应用。

这里我们考虑 $k = 3$ 台可修系统，并且为便于数值模拟假定 3 台可修系统均采用时间截尾方式。针对可修系统的上述三种可靠性情况，考虑如下三种 PLP 模型参数取值：①3 台可修系统的截尾时间分别为 $T_{(1)} = 2\ 000$，$T_{(2)} = 2\ 800$ 和 $T_{(3)} = 3\ 500$ 时，$\beta = 0.5$ 和 $\theta = 30$；②3 台可修系统的截尾时间分别为 $T_{(1)} = 2\ 500$，$T_{(2)} = 3\ 000$ 和 $T_{(3)} = 3\ 500$ 时，$\beta = 1.0$ 和 $\theta = 300$；③3 台可修系统的截尾时间分别为 $T_{(1)} = 1\ 800$，$T_{(2)} = 2\ 100$ 和 $T_{(3)} = 2\ 500$ 时，$\beta = 1.5$ 和 $\theta = 420$。在 PLP 模型参数的每种取值情况下，分别产生 5 000 组失效时间数据，并且每组失效时间数据都经过 Cramer Von Mises 拟合优度检验[3,125] 是符合 PLP 模型的，以及经过相同强度函数（也即相同的 PLP 模型参数 β 和式(5.1) 中的 λ_0）的检验[3,125]。图 7.1 中绘制了每台可修系统以及 3 台可修系统的失效次数的箱线图，从图中可以看出在 PLP 模型参数取值 ① ～ ③ 下，3 台可修系统的总失效次数的平均值分别为 28.6、30.0 和 34.6。基于每组失效时间数据，我们将针对如下 5 个 PLP 模型参数的函数值来构建置信水平分别为 0.95、0.80 和 0.60 的置信区间：可修系统在 $T_{(1)}$ 时刻处的 MTBF，可修系统在 $T_{(1)}$ 时刻处的强度函数值，可修系统在 $T_{(3)}$ 时刻处的当前强度，可修系统在 $T_{(3)} + 200$ 时刻处的未来强度，以及可修系统在时间段 $(T_{(3)}, T_{(3)} + 50]$ 内的系统可靠度；也即 $M(T_{(1)})$，$\lambda(T_{(1)})$，$\lambda(T_{(3)})$，$\lambda(T_{(3)} + 200)$ 和 $R(T_{(3)}, T_{(3)} + 50)$。$M(T_{(1)})$，$\lambda(T_{(1)})$，$\lambda(T_{(3)})$，$\lambda(T_{(3)} + 200)$ 和 $\lambda(T_{(3)}, T_{(3)} + 50)$ 的真值可利用 PLP 模型参数 β 和 θ 的真值代入计算得到。

置信区间的比较主要是对比两个量：区间覆盖率(Coverage Percentage，CP) 和平均区间长度(Mean Interval Length，MIL)。针对双侧置信区间，区间覆盖率指的是由各组失效时间数据所构造的双侧置信区间中区间包含真值的占比，而平均区间长度指的是全部双侧置信区间的平均长度。针对单侧置信区间，区间覆盖率指的是由各组失效时间数据所构造的单侧置信区间中单侧置信区间上限(或单侧置信区间下限)大于(或小于)真值的占比,而平均区间长度指的是全部单侧置信区间上限(或单侧置信区间下限)的平均值。通常,我们希望所构造的置信区间在具有较高区间覆盖率的同时还能够具有较短的区间长度,但是这二者之间是相互矛盾的。因此,本书倾向于能够提供区间覆盖率较高且又接近置信水平名义值 $1-\alpha$ 的高精度置信区间构建方法。为方便比较,令 CP_{Crow},CP_P,CP_{BC},CP_{BCa} 和 CP_D 分别表示 Crow 置信区间、Boostrap Percentile 置信区间、Boostrap BC 置信区间、BCa 置信区间和 Delta 方法所得渐进置信区间的区间覆盖率,又令 MIL_{Crow},MIL_P,MIL_{BC},MIL_{BCa} 和 MIL_D 分别表示 Crow 置信区间、Boostrap Percentile 置信区间、Boostrap BC 置信区间、BCa 置信区间和 Delta 方法所得渐进置信区间的平均区间长度。

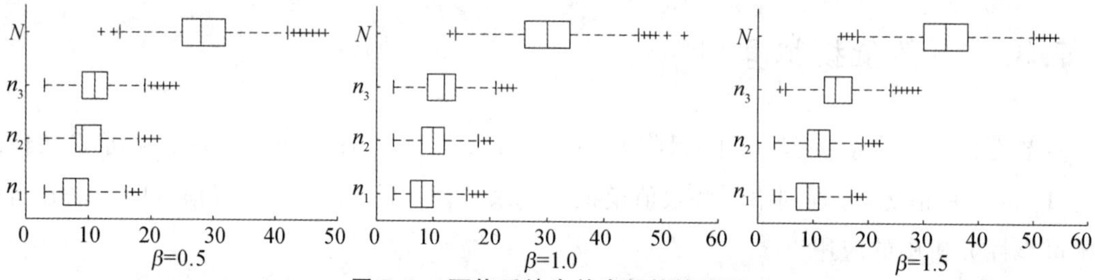

图 7.1　可修系统失效次数的箱线图

针对各组失效时间数据中所有在时间段$(0,T_{(1)}]$内的失效时间数据,可以分别应用式(7.15)、式(7.17)以及 7.2.2 节所提方法来构建 $M(T_{(1)})$ 的双侧置信区间和单侧置信下限。$M(T_{(1)})$ 的置信区间的区间覆盖率和平均区间长度(括号中数据)列于表 7.1 中。同样针对这些失效时间数据,可以分别应用式(7.16)、式(7.17)以及 7.2.2 节所提方法来构建 $\lambda(T_{(1)})$ 的双侧置信区间和单侧置信上限。$\lambda(T_{(1)})$ 的置信区间的区间覆盖率和平均区间长度(括号中数据)列于表 7.2 和表 7.3 中。在使用 7.2.2 节所提方法时,Bootstrap 抽样量为 $B=10^4$。

首先,来看表 7.1 ~ 表 7.3 中的 Crow 置信区间和三种 Bootstrap 置信区间。在表 7.1 中,基于时间截尾的失效时间数据所得到的 Crow 置信区间并非准确的区间估计,但却是保守的区间估计(也就是区间的实际置信水平比所给定置信水平的名义值 $1-\alpha$ 要略大些)[4,43],这可以由 CP_{Crow} 进一步证实。针对每种 β 取值和给定置信水平 $1-\alpha$ 的情况,$\lambda(T_{(1)})$ 的置信区间的区间覆盖率 CP_{Crow},CP_P,CP_{BC} 和 CP_{BCa} 与 $M(T_{(1)})$ 的置信区间的相应区间覆盖率恰好相等,这可以由 Boostrap Percentile 区间、Boostrap BC 区间和 BCa 区间对于任意单调变换(Monotone Transformation)具有变换不变性(Transformation Invariant)的特性[124]进一步得到证实。因此,表 7.3 中只列出了 $\lambda(T_{(1)})$ 的置信区间的 MIL_{Crow},MIL_P,MIL_{BC} 和 MIL_{BCa}。从表 7.1 中还可以看出,除了当 $1-\alpha=0.60$ 且 $\beta=0.5$ 或 $\beta=1.5$ 时单侧置信区间的 CP_{BC} 和 CP_{BCa} 要比所给定置信水平名义值 $1-\alpha$ 略小一些以外,几乎所有置信区间的 CP_P,CP_{BC} 和 CP_{BCa} 都比所给定置信水平名义值 $1-\alpha$ 要大一些。针对每种 β 取值以及给定置信水平 $1-\alpha$ 情况下的 $M(T_{(1)})$ 的双侧置信区间,多数 CP_{Crow} 比 CP_P,CP_{BC} 和 CP_{BCa} 要大,并且多数 MIL_{Crow} 也比 MIL_P,MIL_{BC} 和 MIL_{BCa} 要大。而对于每种 β 取值以及给定置信水平 $1-\alpha$ 情况下的 $M(T_{(1)})$ 的单侧置信下限,

CP_{BCa} 是最接近给定置信水平名义值 $1-\alpha$ 的，并且 MIL_{Crow} 至少比 MIL_P 要大。此外，在每种 β 取值以及给定置信水平 $1-\alpha$ 情况下，所有 $M(T_{(1)})$ 的单、双侧置信区间都有 $MIL_P \leqslant MIL_{BC} \leqslant MIL_{BCa}$。从表 7.3 中可以看出，在每种 β 取值以及给定置信水平 $1-\alpha$ 的情况下，$\lambda(T_{(1)})$ 的置信区间的区间长度之间的关系恰好与 $M(T_{(1)})$ 的置信区间的区间长度之间的关系是相反的，这是由于 PLP 模型的强度函数与 MTBF 之间存在着倒数关系。通过 Crow 置信区间与三种 Bootstrap 置信区间之间的上述比较可以发现，与 Crow 置信区间相比，Boostrap Percentile 区间、Boostrap BC 区间和 BCa 区间中至少有一种区间估计可以构造出较好的 $M(T_{(1)})$ 与 $\lambda(T_{(1)})$ 的置信区间估计（包括单、双侧置信区间）。另外，在这些置信区间中，Boostrap Percentile 置信区间的区间长度可能并非是最短的。

表 7.1　$M(T_{(1)})$ 的置信区间的区间覆盖率和平均区间长度

区间	方法	$1-\alpha$								
		$\beta=0.5$			$\beta=1.0$			$\beta=1.5$		
		0.95	0.80	0.60	0.95	0.80	0.60	0.95	0.80	0.60
双侧区间	Delta	0.928	0.814	0.614	0.929	0.804	0.610	0.940	0.812	0.607
		(587.4)	(384.1)	(252.2)	(355.5)	(232.5)	(152.7)	(156.2)	(102.1)	(67.1)
	Crow	0.968	0.851	0.679	0.967	0.850	0.677	0.968	0.854	0.669
		(716.2)	(458.9)	(309.9)	(431.6)	(276.9)	(187.0)	(187.7)	(120.7)	(81.5)
	Percentile	0.950	0.832	0.653	0.954	0.830	0.648	0.965	0.850	0.653
		(632.9)	(413.7)	(272.6)	(386.3)	(252.4)	(166.3)	(173.0)	(112.9)	(74.3)
	BC	0.957	0.838	0.652	0.959	0.839	0.658	0.966	0.855	0.656
		(657.5)	(430.1)	(283.3)	(401.8)	(262.7)	(173.0)	(179.8)	(117.3)	(77.1)
	BCa	0.960	0.838	0.653	0.960	0.843	0.663	0.970	0.857	0.656
		(702.1)	(445.6)	(289.3)	(429.8)	(272.3)	(176.8)	(191.9)	(121.4)	(78.7)
单侧 LCL	Delta	0.998	0.864	0.629	0.997	0.862	0.629	0.997	0.852	0.625
		(259.5)	(379.9)	(468.1)	(160.7)	(233.6)	(286.9)	(75.0)	(107.0)	(130.4)
	Crow	0.970	0.848	0.661	0.963	0.847	0.660	0.967	0.836	0.650
		(310.0)	(386.3)	(456.7)	(190.8)	(237.3)	(280.1)	(87.8)	(108.5)	(127.5)
	Percentile	0.981	0.887	0.677	0.980	0.880	0.680	0.985	0.881	0.672
		(265.0)	(365.8)	(451.3)	(163.0)	(224.4)	(276.4)	(74.7)	(102.3)	(125.6)
	BC	0.975	0.841	0.597	0.970	0.838	0.601	0.977	0.835	0.594
		(283.7)	(389.1)	(479.2)	(174.6)	(238.8)	(293.7)	(79.9)	(108.7)	(133.2)
	BCa	0.969	0.831	0.597	0.962	0.832	0.600	0.966	0.825	0.594
		(296.1)	(392.7)	(479.4)	(182.2)	(241.0)	(293.8)	(83.2)	(119.6)	(133.2)

表 7.2　$\lambda(T_{(1)})$ 的置信区间的区间覆盖率和平均区间长度

区间	方法	$1-\alpha$								
		$\beta=0.5$			$\beta=1.0$			$\beta=1.5$		
		0.95	0.80	0.60	0.95	0.80	0.60	0.95	0.80	0.60
双侧区间	Delta	0.949	0.810	0.612	0.943	0.813	0.606	0.948	0.813	0.604
		(0.002 39)	(0.001 56)	(0.001 03)	(0.003 86)	(0.002 52)	(0.001 66)	(0.008 21)	(0.005 37)	(0.003 52)
单侧 LCL	Delta	0.931	0.803	0.622	0.926	0.804	0.624	0.927	0.795	0.618
		(0.003 15)	(0.002 66)	(0.002 30)	(0.005 12)	(0.004 33)	(0.003 75)	(0.011 1)	(0.009 43)	(0.008 20)

表 7.3　$\lambda(T_{(1)})$ 的置信区间的平均区间长度

区间	方法	$1-\alpha$								
		$\beta=0.5$			$\beta=1.0$			$\beta=1.5$		
		0.95	0.80	0.60	0.95	0.80	0.60	0.95	0.80	0.60
双侧区间	Crow	0.002 61	0.001 74	0.001 19	0.004 21	0.002 80	0.001 92	0.008 94	0.005 95	0.004 08
	Percentile	0.003 47	0.002 00	0.001 25	0.005 13	0.003 26	0.002 04	0.012 0	0.006 97	0.004 37
	BC	0.003 17	0.001 84	0.001 15	0.005 13	0.002 99	0.001 87	0.011 0	0.006 41	0.004 02
	BC*a*	0.002 93	0.001 79	0.001 14	0.004 75	0.002 91	0.001 86	0.010 2	0.006 26	0.004 00
单侧 LCL	Crow	0.003 44	0.002 78	0.002 36	0.005 59	0.004 52	0.003 85	0.012 1	0.009 83	0.008 42
	Percentile	0.004 11	0.002 96	0.002 40	0.006 68	0.004 83	0.003 92	0.014 4	0.010 5	0.008 57
	BC	0.003 82	0.002 78	0.002 26	0.006 21	0.004 53	0.003 69	0.013 4	0.009 87	0.008 08
	BC*a*	0.003 63	0.002 75	0.002 26	0.005 91	0.004 48	0.003 69	0.012 8	0.009 78	0.008 08

对比表 7.1 ～ 表 7.3 中的渐进置信区间，可以发现在每种 β 取值以及给定置信水平 $1-\alpha$ 情况下，$\lambda(T_{(1)})$ 的置信区间的 CP_D 与 $M(T_{(1)})$ 的置信区间的 CP_D 是不同的，这意味着由 Delta 方法构建的渐进置信区间是不具有变换不变性的。针对表 7.1 ～ 表 7.3 中每种 β 取值以及给定置信水平 $1-\alpha$ 的情况，与其他双侧置信区间相比，双侧渐进置信区间具有最短的平均区间长度，同时具有最小的区间覆盖率。对于这些双侧渐进置信区间，当 $1-\alpha=0.95$ 时，所有 CP_D 均小于置信水平名义值 $1-\alpha$。而对比每种 β 取值以及给定置信水平 $1-\alpha$ 情况下的单侧渐进置信区间，可以发现 $M(T_{(1)})$ 的单侧区间的所有 CP_D 均大于置信水平名义值 $1-\alpha$，而且还大于 CP_{BC} 和 CP_{BCa}；当 $1-\alpha=0.95$ 时，$\lambda(T_{(1)})$ 的单侧区间的所有 CP_D 均小于置信水平名义值 $1-\alpha$。这些结果表明：由 Delta 方法构建的渐进置信区间表现不佳（尤其当置信水平名义值 $1-\alpha$ 较高时，如 0.95）。这是由于在实际中可修系统采取时间截尾方式的截尾时间或采取失效截尾方式的失效次数不可能趋于无穷大。

此外，针对各组失效时间数据中所有在时间段 $(0, T_{(3)}]$ 内的失效时间数据，可以应用式 (7.17) 以及 7.2.2 节所提方法来构建 $\lambda(T_{(3)})$，$\lambda(T_{(3)}+200)$ 和 $R(T_{(3)}, T_{(3)}+50)$ 的双侧置信区间，$\lambda(T_{(3)})$ 和 $\lambda(T_{(3)}+200)$ 的单侧置信上限，$R(T_{(3)}, T_{(3)}+50)$ 的单侧置信下限。在使用

7.2.2 节所提方法时，Bootstrap 抽样量为 $B = 10^4$。图 7.2～图 7.7 中分别绘制了由 Delta 方法和 7.2.2 节方法独立地重复 20 次所构建 $\lambda(T_{(3)})$，$\lambda(T_{(3)}+200)$ 和 $R(T_{(3)}, T_{(3)}+50)$ 的置信区间的区间覆盖率散点图。通过比较在每次重复过程中每种 β 取值以及给定置信水平 $1-\alpha$ 情况下的 $\lambda(T_{(3)})$，$\lambda(T_{(3)}+200)$ 和 $R(T_{(3)}, T_{(3)}+50)$ 的双侧置信区间，可以发现如下结果：所有的 CP_P，CP_{BC} 和 CP_{BCa} 都比 CP_D 要大；除了 $\beta = 1.5$ 时 $\lambda(T_{(3)})$ 和 $\lambda(T_{(3)}+200)$ 的置信区间的 CP_D 以外，当 $1-\alpha = 0.95$ 时几乎所有 CP_D 都小于置信水平名义值 $1-\alpha$；当 $1-\alpha = 0.95$ 和 0.80 时几乎所有 CP_P 都大于且更接近于置信水平名义值 $1-\alpha$，而且 CP_{BC} 与 CP_{BCa} 二者比较接近。通过比较在每次重复过程中每种 β 取值以及给定置信水平 $1-\alpha$ 情况下的 $\lambda(T_{(3)})$，$\lambda(T_{(3)}+200)$ 和 $R(T_{(3)}, T_{(3)}+50)$ 的单侧置信区间，可以发现如下结果：所有的 CP_P 都大于 CP_D；所有的 CP_{BC} 和 CP_{BCa}，当 $1-\alpha = 0.95$ 和 0.80 时都大于 CP_D，而当 $1-\alpha = 0.60$ 时都小于 CP_D；当 $1-\alpha = 0.95$ 时所有 CP_D，以及当 $1-\alpha = 0.80$ 时多数 CP_D 都小于置信水平名义值 $1-\alpha$；当 $1-\alpha = 0.95$ 和 0.80 时，所有 CP_{BCa} 都大于且更接近于置信水平名义值 $1-\alpha$；当 $1-\alpha = 0.60$ 时，所有 CP_{BCa} 与 CP_{BC} 相互比较接近，并且都在置信水平名义值 0.60 附近。上述比较进一步验证了 7.2.2 节所提方法可用于构建 PLP 模型参数的函数的高精度置信区间，此外还证实了 Delta 方法不能用于构建 PLP 模型参数的函数的精确置信区间，尤其是当置信水平名义值较高的情况。因此，本书不建议构建 PLP 模型参数的函数的渐进置信区间。

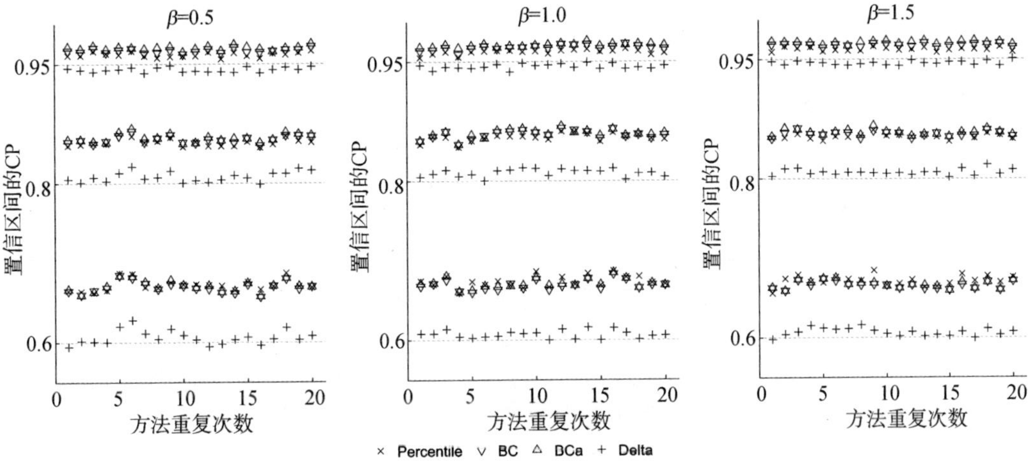

图 7.2　$\lambda(T_{(3)})$ 的双侧置信区间的区间覆盖率

上述讨论证实了 7.2.2 节所提 Bootstrap 置信区间方法适用于 $\beta<1$，$\beta>1$ 以及 $\beta=1$ 的情况。无论多台同型可修系统是否同时截尾，所提方法均可用于 PLP 模型参数的任意函数的高精度置信区间的构建。总结本章所提参数化 Bootstrap 置信区间方法在 PLP 模型参数的函数中的应用，我们对 Boostrap 区间构建方法中三种 Bootstrap 置信区间方法的选择提供一些建议：Percentile 方法可用于构建 PLP 模型参数的函数的双侧置信区间，BCa 方法可以特别应用于当置信水平名义值 $1-\alpha$ 较大(例如 $1-\alpha = 0.95, 0.80$) 时 PLP 模型参数的函数的单侧置信区间的构建，而 Percentile 方法则用于当置信水平名义值 $1-\alpha$ 较小(例如 $1-\alpha = 0.60$) 时 PLP 模型参数的函数的单侧置信区间的构建。

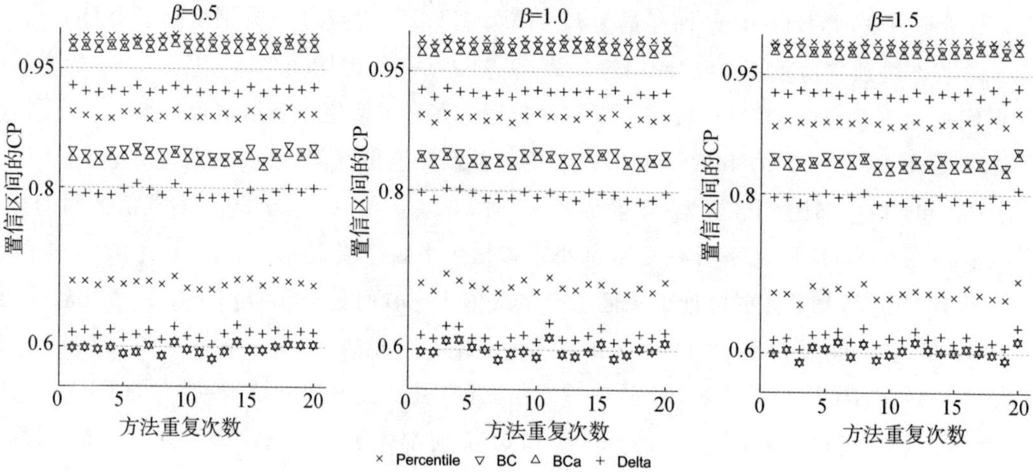

图 7.3　$\lambda(T_{(3)})$ 的单侧置信区间的区间覆盖率

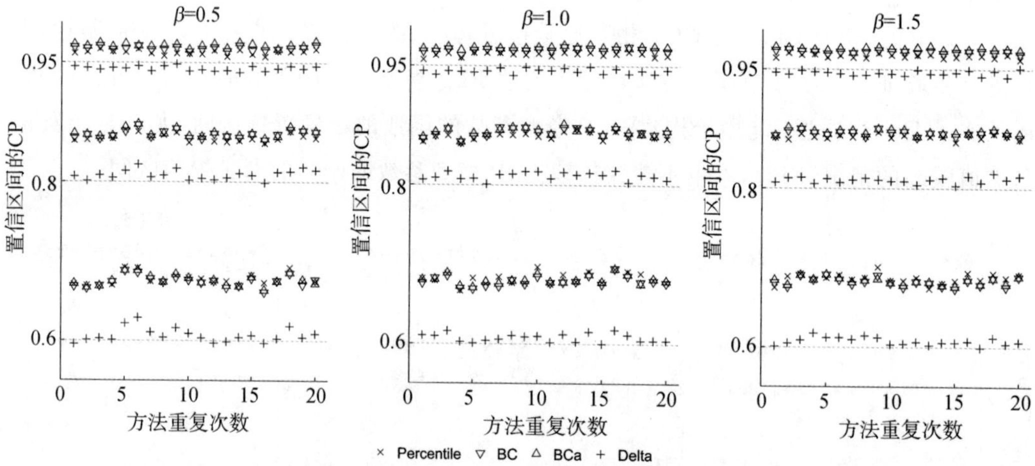

图 7.4　$\lambda(T_{(3)}+200)$ 的双侧置信区间的区间覆盖率

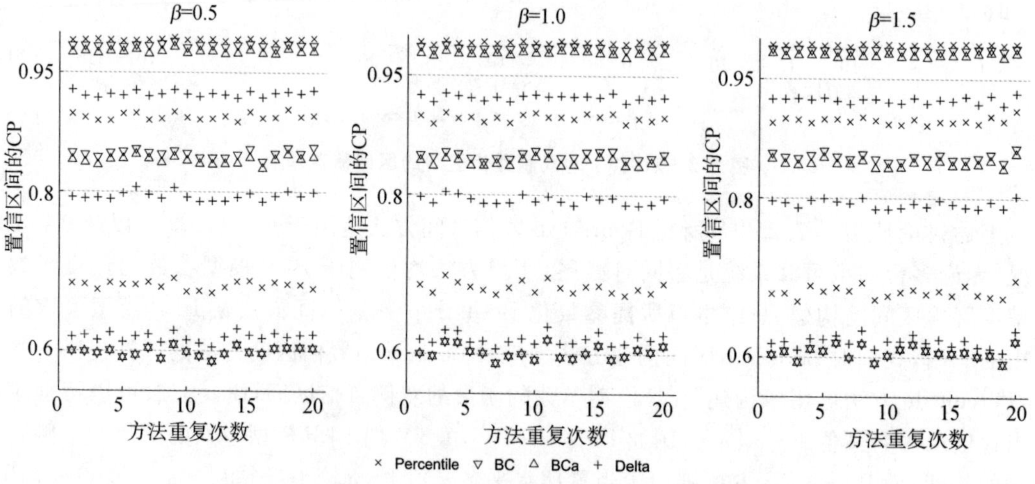

图 7.5　$\lambda(T_{(3)}+200)$ 的单侧置信区间的区间覆盖率

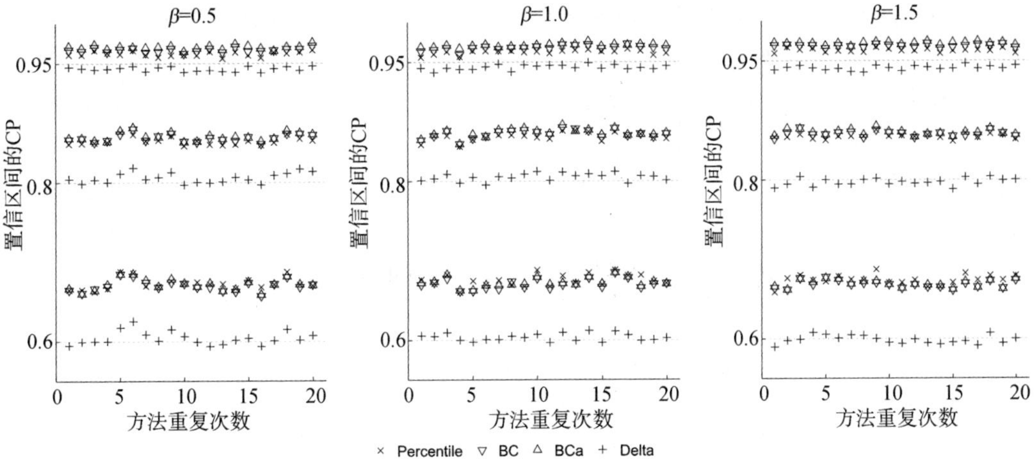

图 7.6　$R(T_{(3)}, T_{(3)}+50)$ 的双侧置信区间的区间覆盖率

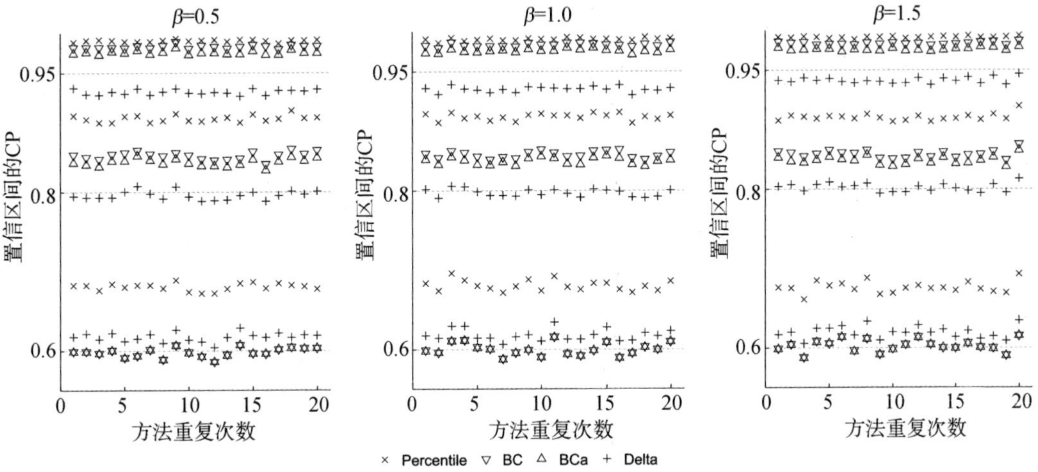

图 7.7　$R(T_{(3)}, T_{(3)}+50)$ 的单侧置信区间的区间覆盖率

7.3.2　实例

在上节数值模拟算例验证了所提参数化 Bootstrap 置信区间方法的合理性与有效性之后，本节将该方法应用于两个具体实例的分析。

算例 1

洛斯阿拉莫斯国家实验室(Los Alamos National Laboratory)的蓝山超级计算机是由一些相同的 SGI Origin 2000 共享内存处理器(Shared Memory Processors，SMP)所组成的。当一个 SMP 发生故障时，它就会重启，因此每一个 SMP 可以被视为是一个可修系统。表 7.4 中列出了 SMP 1 和 SMP 2 两个 SMP 的失效时间[126]。军用手册的趋势检验[4] 以显著水平 5% 表明这两个 SMP 具有明显的可靠性增长趋势(其中检验统计量的值为 137.1)，Cramer Von Mises 拟合优度检验[3,125] 以显著水平 5% 表明这两个 SMP 的失效时间数据符合 PLP 模型(其中检验统计量的值为 0.178)，而且 PLP 模型的相同强度函数[相同的 PLP 模型参数 β 和式(5.1) 中的

λ_0][3,125] 的检验也以显著水平 5% 表明 SMP 1 和 SMP 2 的失效时间是服从相同的 PLP 模型(其中检验统计量的值分别为 2.163 和 1.110)。使用 7.2.2 节所提方法(其中 Bootstrap 抽样量 $B=10^4$) 来构建 SMP 在时刻 t 处的 MTBF $M(t)$ 的 0.95 双侧置信区间,SMP 在时间段 $(T_{(2)}, T_{(2)}+d]$ 内的系统可靠度 $R(T_{(2)}, T_{(2)}+d)$ 的 0.95 单侧置信下限。给定多个 t(或 d) 的值,就可以得到 $M(t)$(或 $R(T_{(2)}, T_{(2)}+d)$) 的单侧置信区间上(下) 限的曲线图[见图 7.8(或图 7.9)]。

表 7.4　蓝山超级计算机 SMPS 的失效时间

i	n_i	t_{ij} / 天									T_i
1	31	4.74	20.23	22.21	26.02	35.09	37.34	58.04	59.71	67.67	380.19
		72.89	74.16	85.683	94.59	112.38	124.13	124.84	129.14	135.98	
		141.93	146.52	163.07	201.48	215.10	239.87	244.75	244.97	260.63	
		268.35	292.90	300.76	380.19						
2	23	5.21	14.49	42.31	54.52	59.09	66.09	74.99	119.27	127.47	434.76
		146.48	172.77	190.21	203.52	223.37	252.64	265.52	284.06	312.68	
		322.67	333.70	348.48	411.39	434.76					

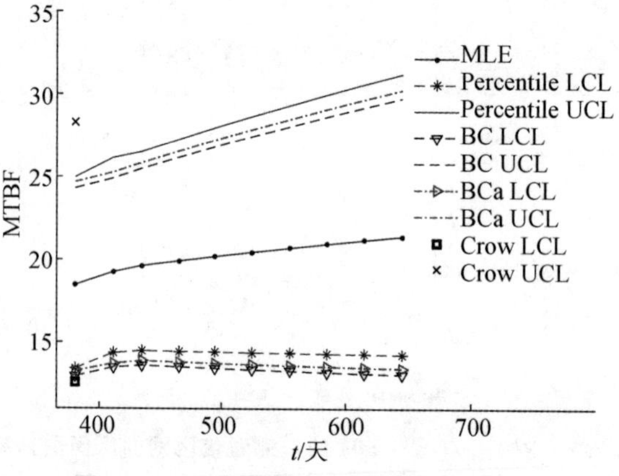

图 7.8　$M(t)$ 的 0.95 双侧置信区间曲线

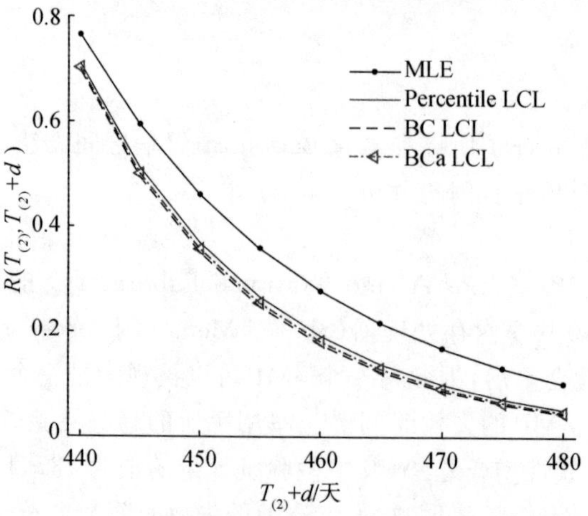

图 7.9　$R(T_{(2)}, T_{(2)}+d)$ 的 0.95 单侧置信下限曲线

算例 2

某公司的两条汽车生产线都使用了一些具有高速和高精度加工模式的三菱 64 m 数控系统的加工中心(MC)，并且这些加工中心有相似的使用条件。一台加工中心通常可以被视为一台可修系统[127]，因为在加工中心发生故障后可以通过维修使其恢复至正常运行状态。加工中心的故障按功能共享、功能独立性和约定划分原则(Convention Division Principles)进行分类，这里仅讨论液压系统的失效。表 7.5 中列出了三个加工中心的液压系统的失效数据[127]。军用手册的趋势检验[4]以显著水平 5% 表明这三台液压系统呈现可靠性退化趋势(其中检验统计量的值为 36.1)，Cramer Von Mises 拟合优度检验[3,125]以显著水平 5% 表明这三台液压系统的失效时间符合 PLP 模型(其中检验统计量的值为 0.208)，而且 PLP 模型的相同强度函数[相同的 PLP 模型参数 β 和式(5.1)中的 λ_0][3,125]的检验也以显著水平 5% 表明这三台液压系统的故障时间是服从相同的 PLP 模型(其中检验统计量的值分别为 2.349 和 0.164)。使用 7.2.2 节所提方法(其中 Bootstrap 抽样量 $B=10^4$)来构建液压系统在时刻 t 处的强度函数值 $\lambda(t)$ 的 0.95 双侧置信区间，以及液压系统在时间段 $(T_{(3)}, T_{(3)}+d]$ 内的系统可靠度 $R(T_{(3)}, T_{(3)}+d)$ 的 0.95 单侧置信下限。给定多个 t(或 d)的值，就可以得到 $\lambda(t)$(或 $R(T_{(3)}, T_{(3)}+d)$)的单侧置信区间上(下)限的曲线图[见图 7.10(或图 7.11)]。

表 7.5　液压系统的失效时间

i	n_i	t_{ij}/h									T_i
1	13	8 121	12 439	17 707	21 390	23 776	24 756	27 702	27 727	29 758	41 418
		29 824	30 436	35 169	41 481						
2	9	10 837	13 785	22 018	23 529	23 559	25 740	26 605	35 037	44 728	44 728
3	8	8 120	10 328	20 384	32 960	34 501	35 527	43 798	44 728		44 728

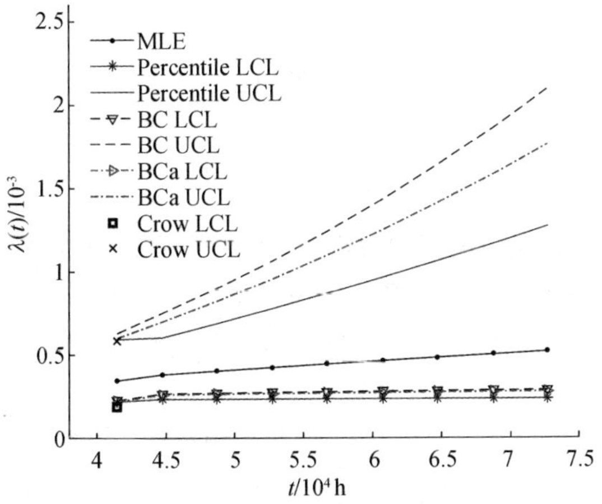

图 7.10　$\lambda(t)$ 的 0.95 双侧置信区间曲线

从这两个实例可以看出，在图 7.8 中 $M(T_{(1)})$ 的 0.95 Crow 置信区间明显比 $M(T_{(1)})$ 的三种 Bootstrap 置信区间要宽，在图 7.10 中 $\lambda(T_{(1)})$ 的 0.95 Crow 置信区间仅比 $\lambda(T_{(1)})$ 的 Bootstrap Percentile 置信区间以及 BCa 置信区间略微宽一点。图 7.8 中在时间 $T_{(1)}$ 和 $T_{(2)}$ 之

间(或图7.10中在时间$T_{(1)}$和$T_{(3)}$之间)的双侧Boostrap置信区间的曲线会有一定的波动,这是因为时间段$(0,T_{(1)}]$之外的失效时间被添加用于计算Boostrap置信区间。图7.8中在时间$T_{(2)}$(或图7.10中在时间$T_{(3)}$)之后,用7.2.2节Bootstrap置信区间方法所构建$M(t)$(或$\lambda(t)$)的预测区间将会随时间t的增加而逐渐变宽。此外,图7.8～图7.11显示出在给定时间处的$M(t)$(或$\lambda(t)$,$R(T_{(2)},T_{(2)}+d)$,$R(T_{(3)},T_{(3)}+d)$)的MLE总是在三种Bootstrap置信区间之内,而且这些图还更直观地显示了三种Bootstrap置信区间之间的区别。依据7.3.1节所给三种Bootstrap置信区间方法的选择建议,为了在这两个实例中构建高精度置信区间,$M(t)$(或$\lambda(t)$,$R(T_{(2)},T_{(2)}+d)$,$R(T_{(3)},T_{(3)}+d)$)的0.95双侧区间估计可以选择0.95双侧Percentile置信区间,而$M(t)$(或$\lambda(t)$,$R(T_{(2)},T_{(2)}+d)$,$R(T_{(3)},T_{(3)}+d)$)的0.95单侧区间估计可以选择0.95单侧BCa置信区间。

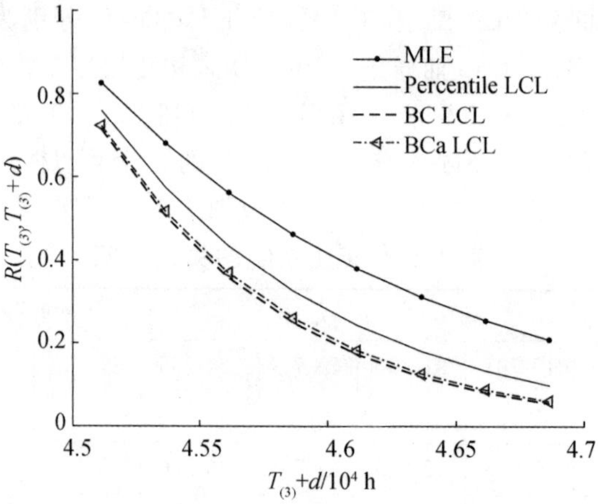

图7.11 $R(T_{(3)},T_{(3)}+d)$的0.95单侧置信下限曲线

7.4 本章小结

针对多台同型可修系统各自相互独立地运行不同时间且各台系统的失效过程都服从相同PLP模型时的一般情况,本章讨论了PLP模型参数的函数的置信区间估计问题。为了构建PLP模型参数的函数的一种简单的参数化Bootstrap置信区间估计方法,我们将具有与任何参数无关的良好特性的对数比变换应用于多台可修系统的原始失效时间,可以得到来自指数分布的一个随机样本,又考虑到该指数分布的参数与PLP模型参数之间的关系,则PLP模型参数的函数的MLE可以转换成该指数分布参数相应函数的MLE。基于此,本章提出了参数化Bootstrap置信区间估计方法用以构建PLP模型参数的函数的置信区间。该方法经过数值模拟算例和工程算例的验证,可适用于PLP模型中$\beta<1$,$\beta>1$以及$\beta=1$的情况。无论多台同型可修系统是否具有相同的运行周期,我们都可以使用该参数化Bootstrap置信区间方法来构建PLP参数的任一函数的高精度置信区间。该参数化Bootstrap置信区间方法的另一个优点是可以获得PLP模型参数的函数在任意置信水平下的置信区间,如强度函数值的置信水平为0.85的双侧置信区间、系统可靠度的置信水平为0.98的单侧置信下限。

参考文献

[1] RIGDON S E, BASU A P. Statistical methods for the reliability of repairable systems [M]. New York: Wiley, 2000.

[2] DUANE J T. Learning curve approach to reliability monitoring [J]. IEEE Transactions on Aerospace, 1964, 2(2): 563 - 566.

[3] CROW L H. Reliability analysis for complex, repairable systems [C]. Proschan F, Serfling D J. Reliability and Biometry, SIAM, Philadelphia, PA, 1974: 379 - 410.

[4] MIL-HDBK-189: Reliability growth management [S]. USA: Department of Defense, 1981.

[5] MIL-HDBK-338: Reliability design handbook for electronic equipment [S]. USA: Department of Defense, 1984.

[6] MIL-HDBK-781: Handbook for reliability test methods, plans, and environments for engineering, development qualification and production [S]. USA: Department of Defense, 1996.

[7] IEC-61164: Reliability growth-statistical test and estimation methods [S]. International Electrotechnical commission, 1995.

[8] GJB1407—1992：可靠性增长试验 [S]. 国防科学技术工业委员会，1992.

[9] GJB/Z77—1995：可靠性增长管理手册 [S]. 国防科学技术工业委员会，1995.

[10] 周源泉，翁朝曦. 可靠性增长 [M]. 北京：科学出版社，1992.

[11] 梅文华. 可靠性增长试验 [M]. 北京：国防工业出版社，2003.

[12] MARSHALL S E, CHUKOVA S. On analysing warranty data from repairable items [J]. Quality & Reliability Engineering International, 2010, 26(1): 43 - 52.

[13] HARTLER G. The nonhomogeneous Poisson process-a model for the reliability of complex repairable systems [J]. Microelectronics Reliability, 1989, 29(3): 381 - 386.

[14] HULAMN V T, CHENOWETH H B. Parameter estimation methods for NHPP Weibull intense reliability growth models [C]. 1990 Proceedings, 36th Annual Technical Meeting, Institute of Environmental Sciences, 1990: 758 - 761.

[15] YAMADA S, OSAKI S. Reliability growth models for hardware and software systems based on nonhomogeneous Poisson processes: A survey [J]. Microelectronics Reliability, 1983, 23(1): 91 - 112.

[16] LILIUS W A. Graphical analysis of repairable systems [C]. 1979 Proceedings Annual Reliability and Maintainability Symposium, 1979: 403 - 406.

[17] HÄRTLER G. Graphical Weibull analysis of repairable systems [J]. Quality and Reliability Engineering International, 1985, 1: 23 - 26.

[18] CROW L H. AMSAA reliability growth symposium [R]：ADA027053，1974.

[19] CROW L H. Confidence interval procedures for complex，repairable systems [R]：ADA020293，1975.

[20] CROW L H. Confidence interval procedures for reliability growth analysis [R]：ADA044788，1977.

[21] 田国梁. 一种参数估计方法及其在可靠性增长分析中的应用 [J]. 系统工程与电子技术，1991(4)：58－64.

[22] LIN T M T. A new method for estimating Duane growth model parameters [C]. 1985 Proceedings Annual Reliability and Maintainability Symposium，1985：389－393.

[23] LIN T M T. Duane reliability growth model parameter estimating method [C]. Proceedings of the 1986 Annual Technical Meeting，Institute of Environmental Sciences，1986：168－173.

[24] 市田嵩. Estimation of hazard function parameters in the Weibull stochastic process [C]. 电子通信学会论文，1982，65－A(61)：61－68.

[25] 市田嵩，铃木和幸. 可靠性分布与统计 [M]. 北京：机械工业出版社，1988：273－294.

[26] HARTLER G. Best linear unbiased estimation for the Weibull process [J]. Microelectronics Reliability，1994，34(7)：1253－1260.

[27] 刘鸿翔，田国梁. AMSAA 模型的参数估计方法 [J]. 培训与研究—湖北教育学院学报，2003，20(2)：4－9.

[28] GAUDOIN O，YANG B，XIE M. Confidence intervals for the scale parameter of the power-law process [J]. Communications in Statistics-Theory and Methods，2006，35(8)：1525－1538.

[29] BAIN L J，ENGELHARDT M. Inferences on the parameters and current system reliability for a time truncated Weibull process [J]. Technometrics，1980，22(3)：421－426.

[30] FINKELSTEIN J M. Confidence bounds on the parameters of the Weibull process [J]. Technometrics，1976，18(1)：115－117.

[31] CROW L H. Confidence interval procedures for the Weibull process with applications to reliability growth [J]. Technometrics，1982，24(1)：67－72.

[32] RIGDON S E，BASU A P. The Power Law Process：A model for the reliability of repairable systems [J]. Journal of Quality Technology，1989，21(4)：251－260.

[33] BAIN L J. Statistical analysis of reliability and life-testing models [M]. New York and Basel，Marcel Dekker，1978：310－321.

[34] LEE L，LEE S K. Some results on inference for the Weibull process [J]. Technometrics，1978，20(1)：41－45.

[35] CALABRIA R，GUIDA M，PULCINI G. Some modified maximum likelihood estimators for the Weibull process [J]. Reliability Engineering & System Safety，1988，23(1)：51－58.

[36] RIGDON S E, BASU A P. Estimating the intensity function of a Weibull process at the current time: failure truncated case [J]. Journal of Statistical Computation and Simulation, 1988, 30(1): 17-38.

[37] RIGDON S E, BASU A P. Estimating the intensity function of a power law process at the current time: time truncated case [J]. Communications in Statistics-Simulation and Computation, 1990, 19(3): 1079-1104.

[38] KOUTRAS D C, RAO A N V. Sensitivity analysis of a reliability growth model [J]. Nonlinear Analysis: Theory, Methods & Applications, 1997, 30(4): 2363-2372.

[39] QIAO H Z, TSOKOS C P. Best efficient estimates of the intensity function of the power law process [J]. Journal of Applied Statistics, 1998, 25(1): 111-120.

[40] SEN A, KHATTREE R. On estimating the current intensity of failure for the power-law process [J]. Journal of Statistical Planning and Inference, 1998, 74(2): 253-272.

[41] CROW L H. Evaluating the reliability of repairable systems [C]. Annual Proceedings on Reliability and Maintainability Symposium, 1990: 275-279.

[42] 田国梁. 关于 Duane 模型 MTBF 的经典置信限 [J]. 系统工程与电子技术, 1989, 8: 72-75.

[43] CROW L H. Confidence intervals on the reliability of repairable systems [C]. Annual Reliability and Maintainability Symposium, 1993: 126-134.

[44] BAR-LEV S K, LAVI I, REISER B. Bayesian inference for the power law process [J]. Annals of the Institute of Statistical Mathematics, 1992, 44(4): 623-639.

[45] AL-TURK L I. Testing the performance of the power law process model considering the use of regression estimation approach [J]. International Journal of Software Engineering & Applications, 2014, 5(5): 35-46.

[46] MILLER G. Inference on a future reliability parameter with the Weibull process model [J]. Naval Research Logistics Quarterly, 1984, 31(1): 91-96.

[47] SEN A. Bayesian estimation and prediction of the intensity of the power law process [J]. Journal of Statistical Computation and Simulation, 2002, 72(8): 613-631.

[48] 周源泉, 郭建英, 叶喜涛. 时间截尾场合 AMSAA-BISE 模型的区间估计 [J]. 机械工程学报, 2000, 36(6): 16-21.

[49] ENGELHARDT M, BAIN L J. Prediction intervals for the Weibull process [J]. Technometrics, 1978, 20(2): 167-169.

[50] RANI, MISRA R B. ML estimates for Crow/AMSAA reliability growth model for grouped and mixed types of software failure data [J]. International Journal of Reliability, Quality and Safety Engineering, 2004, 11(4): 329-337.

[51] 田国梁. AMSAA 模型分组数据的分析方法 [J]. 强度与环境, 1990(3): 1-8.

[52] 田国梁. Duane 模型、分组数据的 AMSAA 模型和具丢失数据的 AMSAA 模型:Bayes 分析方法 [J]. 系统工程与电子技术, 1991(7): 46-54.

[53] CROW L H, BASU A P. Reliability growth estimation with missing data: Ⅱ [C].

Proceeding Annual Reliability and Maintainability Symposium, 1988 Proceedings Annual IEEE, 1988: 476 - 483.

[54] YU J W, TIAN G L, TANG M L. Statistical inference and prediction for the Weibull process with incomplete observations [J]. Computational Statistics & Data Analysis, 2008, 52(3): 1587 - 1603.

[55] PARK W J, PICKERING E H. Statistical analysis of a power-law model for repair data [J]. IEEE TRANSACTIONS ON RELIABILITY, 1997, 46(1): 27 - 30.

[56] WECKMANA G R, SHELLB R L, MARVEL J H. Modeling the reliability of repairable systems in the aviation industry [J]. Computers and Industrial Engineering, 2001, 40(1): 51 - 63.

[57] 唐月英，王捷. 多台系统异步可靠性增长模型及其统计分析 [J]. 华中理工大学学报，1993，21(3)：88 - 92.

[58] ZHOU Y Q, WENG Z X. AMSAA-BISE model [C]. 3rd Japan-China Symposium on Statistic, 1989: 179 - 182.

[59] 梅文华，郭月娥. 再论 AMSAA - BISE 模型不能成立 [J]. 应用数学和力学，2001，22(7)：768 - 770.

[60] 梅文华，郭月娥，杨义先. AMSAA - BISE 可靠性增长模型不能成立 [J]. 应用数学和力学，2001，22(7)：758 - 762.

[61] 梅文华，杨义先. 对 GJB-Z77 多台同型产品增长模型的分析 [J]. 航空学报，1999，20(1)：65 - 68.

[62] 王燕萍，吕震宙. 多台系统可靠性增长模型参数的区间分析 [J]. 西北工业大学学报，2005，23(5)：576 - 579.

[63] 王玉莹. 多台同步可靠性增长模型存在的问题[J]. 航空学报，2000，21(5)：409 - 413.

[64] 周源泉. 多台系统同步开发的可靠性增长[J]. 应用数学和力学，1986，7(9)：831 - 837.

[65] 周源泉. AMSAA-BISE 模型多台系统的同步可靠性增长 [J]. 强度与环境，1987(Z1)：1 - 10.

[66] 周源泉. 论 AMSAA BISE 模型:兼答梅文华[J]. 应用数学和力学，2001，22(7)：763 -767.

[67] 周源泉，翁朝曦. 含间断区间的 AMSAA-BISE 模型 [J]. 系统工程与电子技术，1990，12(5)：1 - 7.

[68] 周源泉，翁朝曦. AMSAA-BISE 模型及其统计推断 [J]. 系统工程与电子技术，1991，14(11)：72 - 78.

[69] GARMABAKI A, AHMADI A, BLOCK J, et al. A reliability decision framework for multiple repairable units [J]. Reliability Engineering & System Safety, 2016, 150: 78 - 88.

[70] ENGELHARDT M, BAIN L J. Statistical analysis of a compound power-law model for repairable systems [J]. IEEE Transactions on Reliability, 1987, R - 36(4): 392 -

396.

[71] WANG N, KVAM P, LU J C. Detection and estimation of a mixture in power law processes for a repairable system [J]. Journal of Quality Technology, 2007, 39(2): 140-150.

[72] GUIDA M, CALABRIA R, PULCINI G. Bayes inference for a non-homogeneous Poisson process with power intensity law [J]. IEEE Transactions on Reliability, 1989, 38(5): 603-609.

[73] TIAN G L. Bayes statistical inference procedures for multi-system Weibull process [J]. Structure & Environment Engineering, 1993, 1: 1-8.

[74] YU J W, TIAN G L, TANG M L. Predictive analyses for nonhomogeneous Poisson processes with power law using Bayesian approach [J]. Computational Statistics & Data Analysis, 2007, 51(9): 4254-4268.

[75] ZHAO C. Bayesian and Empirical Bayes approaches to power law process and microarray analysis [D]. Florida: University of South Florida, 2004.

[76] 田国梁. Weibull 过程将来第 k 次失效时间的 Bayes 预测区间 [J]. 高校应用数学学报，1992，7(2)：264-271.

[77] 王燕萍，吕震宙. 一种基于 Gibbs 抽样的可靠性增长 Bayes 方法 [J]. 西北工业大学学报，2007，25(6)：784-788.

[78] 王燕萍，吕震宙，赵新攀. 基于 Markov Chain Monte Carlo 的幂律过程的 Bayesian 分析 [J]. 航空动力学报，2010，25(1)：152-159.

[79] 周源泉，郭建英. 可靠性增长幂律模型的 Bayes 推断及在发动机上的应用 [J]. 推进技术，2000，21(1)：49-53.

[80] 周源泉，刘振德，陈宝延，马同玲. PLP 数据对 HPP 数据的等效折合 [J]. 质量与可靠性，2006(3)：5-8.

[81] 周源泉，刘振德，陈宝延，马同玲. PLP 数据对 HPP 数据的等效折合(续) [J]. 质量与可靠性，2006(4)：7-10.

[82] CALABRIA R, PULCINI G. Maximum likelihood and Bayes prediction of current system lifetime [J]. Communications in Statistics-Theory and Methods, 1996, 25 (10): 2297-2309.

[83] KUO L, YANG T Y. Bayesian computation of software reliability [J]. Journal of the American Statistical Association, 1996, 91: 763-773.

[84] PULCINI G. On the prediction of future failures for repairable equipment subject to overhauls [J]. Comm Statist, Theory Methods, 2007, 30(4): 691-706.

[85] 李欣欣，闫志强，谢红卫. 基于 Weibull 过程的可靠性增长试验 Bayes 分析 [J]. 兵工自动化，2007，26(11)：30-31.

[86] 李中恢，任海平. 含缺失数据时分组数据的 AMSAA 模型的 Bayes 分析 [J]. 兰州理工大学学报，2007，34(5)：155-158.

[87] 肖小英. 可靠性增长试验中分组数据 AMSAA 模型的 Bayes 分析方法 [J]. 安徽农业科学，2008，6(35)：15281-15282，15291.

[88] HUANG Y S, BIER V M. A natural conjugate prior for the non-homogeneous Poisson process with a power law intensity function [J]. Communications in Statistics-Simulation and Computation, 1998, 27(2): 525 - 551.

[89] ZHAO C. Empirical Bayes analysis on the power law process with natural conjugate priors [J]. Journal of Data Science, 2010, 8(1): 139 - 149.

[90] KYPARISIS J, SINGPURWALLA N D. Bayesian inference for the Weibull process with applications to assessing software reliability growth and predicting software failures [C]. Computer Science and Statistics: Proceeding of the 16th Symposium on the Interface, 1985: 57 - 64.

[91] BEISER J A, RIGDON S. Bayes prediction for the number of failures of a repairable system [J]. IEEE Transactions on Reliability, 1996, 46(2): 291 - 295.

[92] CALABRIA R, GUIDA M, PULCINI G. Bayes estimation of prediction intervals for a power law process [J]. Communications in Statistics-Theory and Methods, 1990, 19(8): 3023 - 3035.

[93] GIORGIO M, GUIDA M, PULCINI G. Repairable system analysis in presence of covariates and random effects [J]. Reliability Engineering & System Safety, 2014, 131: 271 - 281.

[94] GUIDA M, PULCINI G. Bayesian reliability assessment of repairable systems during multi-stage development programs [J]. IIE Transactions, 2005, 37(11): 1071 - 1081.

[95] MING Z, TAO J, ZHANG Y, et al. Bayesian reliability-growth analysis for statistical of diverse population based on non-homogeneous poisson process [J]. Chinese Journal of Mechanical Engineering, 2009, 22(4): 535 - 541.

[96] GILKS W R. Full conditional distributions [M]//GILKS W R, RICHARDSON S, SPIEGELHALTER D J. Markov Chain Monte Carlo In Practice: Chapman & Hall, London, 1996.

[97] SMITH A F M, GELFAND A E. Bayesian statistics without tears: a sampling-resampling perspective [J]. The American Statistician, 1992, 46(2): 84 - 88.

[98] GILKS W R, WILD P. Adaptive rejection sampling for Gibbs sampling [J]. Appl Statist, 1992, 41(2): 337 - 348.

[99] BOX G E P, TIAO G C. Bayesian inference in statistical analysis [M]. Massachusetts: Addison-Wesley, 1973.

[100] GELFAND A E, SMITH A F M. Sampling based approaches to calculating marginal densities [J]. Journal of the American Statistical Association, 1990, 85(3): 398 - 409.

[101] GEMAN S, GEMAN D. Stochastic relaxation, Gibbs distribution and the Bayesian restoration of images [J]. IEEE Transaction on Pattern Analysis and Machine Intelligence, 1984, 6(6): 721 - 741.

[102] TIERNEY L. Markov chain for exploring posterior distributions (with discussions)

[J]. Annals of Statistics, 1994, 22(4): 1701 - 1762.

[103] 茆诗松，王静龙，濮晓龙. 高等数理统计 [M]. 北京：高等教育出版社，1998.

[104] 刘忠，茆诗松. 分组数据的 Bayes 分析:Gibbs 抽样方法 [J]. 应用概率统计，2003，13(2)：211 - 216.

[105] CHEN M H, SHAO Q M. Monte Carlo estimation of Bayesian credible and HPD intervals [J]. Journal of Computational and Graphical Statistics, 1999, 8(1): 69 - 92.

[106] KUNDU D, PRADHAN B. Estimating the parameters of the generalized exponential distribution in presence of hybrid censoring [J]. Communications in Statistics-theory and Methods, 2009, 38(12): 2030 - 2041.

[107] KUNDU D, PRADHAN B. Bayesian inference and life testing plans for generalized exponential distribution [J]. Science in China Series A: Mathematics, 2009, 52(6): 1373 - 1388.

[108] BAIN L J. Statistical analysis of reliability and life-testing models [M]. New York: Marcel Dekker, 1978.

[109] YANG B X. On the study of basin curve for mechanical-electronic equipments [J]. Reliability for Electronic Products and Environment Test, 1990, 4: 16 - 22.

[110] YAN Z Q, LI X X, XIE H W, et al. Bayesian synthetic evaluation of multistage reliability growth with instant and delayed fix modes [J]. Journal of Systems Engineering and Electronics, 2008, 19(6): 1287 - 1294.

[111] HUANG Y S, CHANG C C. A study of defuzzification with experts' knowledge for deteriorating repairable systems [J]. European Journal of Operational Research, 2004, 157(3): 658 - 670.

[112] HUANG Y S. A decision model for deteriorating repairable systems [J]. IIE Transactions, 2001, 33(6): 479 - 485.

[113] CROW L H. Confidence interval procedures for reliability growth analysis[R]. AD - A044788, 1977.

[114] 周源泉，丁为航. 可靠性增长幂律模型 MTBF 区间估计系数表的研究 [J]. 质量与可靠性，2010(2)：8 - 11.

[115] 周源泉，丁为航. 可靠性增长幂律模型 MTBF 区间估计系数表的研究(续) [J]. 质量与可靠性，2010(3)：1 - 5.

[116] GILARDONI G, COLOSIMO E. Optimal maintenance time for repairable systems [J]. Journal of Quality Technology, 2007, 39(1): 48 - 53.

[117] PHILLIPS M J. Bootstrap confidence regions for the expected ROCOF of a repairable system [J]. IEEE Transactions on Reliability, 2000, 49(2): 204 - 208.

[118] GILARDONI G L, OLIVEIRA M D D, COLOSIMO E A. Nonparametric estimation and bootstrap confidence intervals for the optimal maintenance time of a repairable system [J]. Comput Stat Data Anal, 2013, 63: 113 - 124.

[119] SOMBOONSAVATDEE A, SEN A. Statistical inference for power-law process with competing risks [J]. Technometrics, 2015, 57(1): 112 - 122.

[120] EFRON B. Bootstrap methods: Another look at the Jackknife [J]. The Annals of Statistics, 1979, 7(1): 1-26.

[121] EFRON B. The Jackknife, the Bootstrap, and other resampling plans [M]. Philadelphia, PA: SIAM, 1982.

[122] EFRON B, TIBSHIRANI R. Bootstrap methods for standard errors, confidence intervals, and other measures of statistical accuracy [J]. Statistical Science, 1986, 1(1): 54-75.

[123] EFRON B. Better Bootstrap confidence intervals [J]. Journal of the American Statistical Association, 1987, 82(397): 171-185.

[124] DICICCIO T J, EFRON B. Bootstrap confidence intervals [J]. Statistical Science, 1996, 11(3): 189-228.

[125] LEE L. Comparing rates of several independent Weibull processes [J]. Technometrics, 1980, 22(3): 427-430.

[126] HAMADA M S, WILSON A, REESE C S, et al. Bayesian reliability [M]. New York: Springer-Verlag, 2008.

[127] YANG Z J, CHEN C H, CHEN F, et al. Reliability analysis of machining center based on the field data [J]. Eksploatacja i Niezawodnosc - Maintenance and Reliability, 2013, 15(2): 147-155.